智元微库
OPEN MIND

成长也是一种美好

粥左罗 / 著

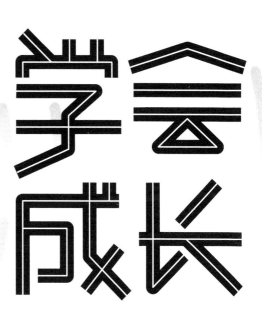

学会成长

爆发式成长的
25个思维模型

人民邮电出版社
北京

图书在版编目（C I P）数据

学会成长 ：爆发式成长的25个思维模型 / 粥左罗著
. -- 北京 ：人民邮电出版社，2020.6
ISBN 978-7-115-54036-2

Ⅰ．①学… Ⅱ．①粥… Ⅲ．①成功心理－通俗读物
Ⅳ．①B848.4-49

中国版本图书馆CIP数据核字(2020)第080771号

◆ 著　　　粥左罗
　　责任编辑　郑　婷
　　责任印制　周昇亮
◆ 人民邮电出版社出版发行　　北京市丰台区成寿寺路 11 号
　　邮编 100164　电子邮件 315@ptpress.com.cn
　　网址 https://www.ptpress.com.cn
　　涿州市京南印刷厂印刷
◆ 开本：720×960　1/16
　　印张：15.5　　　　　　　　2020 年 6 月第 1 版
　　字数：170 千字　　　　　　2024 年 12 月河北第 9 次印刷

定　价：59.00 元
读者服务热线：（010）67630125　印装质量热线：（010）81055316
反盗版热线：（010）81055315
广告经营许可证：京东市监广登字 20170147号

前言

成长有方法，一年抵三年

现今，每个人都必须不断思考一个问题："我要如何更快地成长？"也许你会说："我不想那么拼命，也不想跟别人比较。我只想做好自己，做个普通人。"

但抱歉，是否需要更快地成长，不一定取决于你想与不想。

2019 年年末，我国 16 岁至 59 岁（含不满 60 周岁）劳动年龄人口约为 8.96 亿。不论你身处哪个行业，从业者可能都是数以百万、千万计。庞大的就业群体数量决定了竞争的激烈性和持续性，我们不可能躲避得了竞争。在这样的环境中，如果别人都在成长，而你停滞不前，则注定会被竞争者们远远甩开。

坦率地讲，我们大多数人即使拼命成长，也很难抵达金字塔的塔尖。我们如此努力，也不过是为了拥有一个普通人该有的体面生活而已。

从 2010 年来北京读书到现在，我已经北漂 10 年了。在 2014 年大学毕业时，过上体面的生活对我来说就已经非常艰难了。为了能每月多出几百元的生活费，在工作第一年，我主动放弃交社保和公积金，只能租 10 平方米的地下室。那年夏天，我和女朋友连整个的西瓜都舍不得买，每次在小区超市只买四分之一个。直到 2017 年，我收入提高后才整租了自己的两居室，终于过上一个普通人该有的体面生活。

物质压力并不是在一线城市奋斗的人所特有的焦虑来源。在我的老家山东泰安这个四线城市，生活成本也越来越高，某些方面比一线城市还高。

如何实现财富增长，拥有更好的生活？ 90% 的人都应该认真思考这个问题。

财富是什么？财富其实是成长变现的一种体现。变现之于成长，就像市场上产品的价格相对于价值的波动，有时提前，有时滞后，但将时间轴稍微拉长来看，二者总是大抵相当。成长、让成长变现，是生在这个社会的你我都需要面对的无比现实的问题。

我文笔一般，没有什么情怀，平时在写作中也常常用大白话去讨论这两个问题。如果非要谈情怀，那就是我非常想分享我一路走来的种种思考，用最接地气的方式给大家带来一些关于成长和让成长变现的启发。成长的本质是技能提升，它有方法论，也有规律可循，所以我把成长这门技能的知识打磨成了这本书，希望能够对你有实际的帮助。

时间一直在流逝，但你不会自动变"牛"

人生所有美好的结果，都不是自然而然发生的，而是靠你刻意做出来的。

我有个做滑板文化品牌的朋友，他的工作室经营好几年了，一直没有多大起色，基本上每个月只能做到收支平衡。从去年开始，他开始兼职创业，找了份工作，在工作之余做自己的品牌。他的创业团队很小，就几个人。有一天，他过来找我聊天，表示自己有些困惑，想听听我的真实建议。

我非常佩服他对滑板的热爱、对做自己品牌的执着。他总是说："我虽然现在做得很一般，但未来大有可为。只要我这样一直做下去，5~10 年之后，这个品牌可能会成为一个很棒的品牌。"

我说："既然你专程过来，那我就说真话了。听到你说的那些，我很支持你、佩服你，但从一个外人的角度看，我完全不相信你。你总是说 5 年、10 年后会怎样，在我看来那都是幻想。"

他问为什么。我说："你已经做好几年了，有多少变化？你总是说 5 年后会怎样，那肯定不是第 4 年的最后一天突变的吧？而是通过一年一年的积累得到的。我问你，你觉得明年会比今年好多少？"

他回答："感觉明年也不会比今年好多少，毕竟我的时间、人力、资金投入就那些。"

我说："对啊，时间、人力、资金，等等，大多数变量都不会有大的改变，那么你的品牌怎么就能突然优秀起来？你看你现在的淘宝店，里面就这么点产品，转化率肯定很低。未来你也无法投入大量资金扩充产品，那么，你的淘宝店流量也不会有什么变化，你淘宝店的生意凭什么就能突然兴旺？最可能出现的结果肯定是，一个月一个月过去之后，它还是老样子。"

我们聊了很多，他说自己确实太爱幻想了。

这种现象很常见，比如一个编辑，每天就按部就班地选选文章、排排版、回复下留言，并没有多么努力、刻意地精进写作能力，但他可能会觉得：只要我工作两年，就可以跳槽找份高薪工作了。比如一个人练吉他，每天就练那么一小会儿，根本吃不了苦，一有啥事当天就不练了，但他可能会觉得：再过几年，我弹吉他就很厉害了。

很多人都会有这种不切实际的幻想：成长会自然发生。而现实是：时间流逝，你还是你，你不会自动变优秀。

你想在未来得到什么，你就要认真地规划行动——从今天开始要怎么一步一步靠近它。时间会给你答案，如果你不去做，最终时间给你的答案就是：

3 年过去了，你跟 3 年前一样，还是不配得到那个结果。

所以，你要行动。人生所有美好的结果，都是靠你刻意行动得来的。

为什么很多人在一个行业里工作了三五年，既没有实现大幅加薪，也没有获得升职，而是整体状态趋于停滞？因为很多人都在追求自然成长，并且寄希望于按部就班的努力工作，认为自己工作两三年后就能变得很厉害了，这绝对是幻想。

时间带给你唯一的变化，就是你每天都在变老，其他的变化都需要你靠行动刻意为之。

高手都在刻意成长，成长是一种不自然的"运动"

有一部拳击题材的电影，叫《百万美元宝贝》。它是第 77 届奥斯卡金像奖最佳影片，豆瓣评分 8.6，我看过 3 遍。我特别喜欢里面一句台词："拳击是一种不自然的运动，因为拳击中的每样东西都是逆向的。你要迎着疼痛而上，而不是像有理智的人那样躲避。"每一次看这句话，我都感觉它是那么美。

我一直认为，成长也是一种不自然的"运动"，它是反人性的，你要逆着人性去行动，而不是跟随第一反应去躲避。下面梳理一下我从 2014 年到 2020 年的刻意成长路径。

2014 年

那年我大学毕业，留在北京继续北漂。我在上大学时修的专业是体育产业管理，这个专业的毕业生很难找到专业对口的工作。当时，我不知道自己能做好什么，因为大学期间尝试开过淘宝店，为了处理开店失败而积压的货，我摆过地摊，发现摆地摊很赚钱，于是毕业后在不知道做什么工作的情况下，我继续在北京的南锣鼓巷摆地摊。

几百米长的南锣鼓巷里行人摩肩接踵，这就是巨大的流量。我在那里卖明信片和邮票，它们虽然看起来不像这个时代的东西，但是很受年轻人的欢迎，我靠着这个生意一个月可以赚 2 万元。

很快，不让在南锣鼓巷摆地摊了，我只好去西单大悦城的服装店做店员。那是一家极限运动潮牌集合店，店长是我玩滑板时认识的朋友，这份工作我一干就是 8 个月，底薪 2 300 元，加上提成，我一个月的薪水有 5 000 元左右。

2015 年—2016 年

机缘巧合之下，我认识了一个朋友，他给我介绍了一份新媒体行业的工作：公众号小编。

这为我打开了新世界的一扇门。其实我在大学期间就接触过新媒体——微博，那时，在身边同学只有几百"粉丝"的时候，我就有几千"粉丝"了，但我根本不知道微博就属于所谓的新媒体，也不知道运营微博可以赚钱，所以根本没当回事，也没有继续做。

2015 年 8 月，我加入了一家创投媒体，做排版、统计数据之类最基础的编辑工作。我摸索了一段时间，了解了这个行业中的几种职业上升路径，再结合我个人的优势特点，给自己定了条最可能成功的路：做最厉害的、写作速度最快的热点写手。

定好了目标后，接下来我就开始执行。一年之后，我已经在创投新媒体圈小有名气，写出了多篇 10W+ 热点爆文。在那时候，这个行业的竞争远没有现在激烈，只要你认真研读一点方法论和传播学，就能快速推出热点事件文章，轻松产出 10W+ 的文章，但是这件事现在已经不容易了。

2017 年

大概在 2016 年年底时，我的月收入已经有 2 万多元了，我开始非常努力地寻找我的下一个成长突破点。如果我想获得更大的成功，就一定不能仅仅这样写下去。因为这样下去，到最后我还只是在贩卖劳动，一份时间只能被出售一次，我就算再能写，一天写一篇，收入的天花板也是显而易见的。

那时候我拿到了不少 offer，薪水都很高，但大部分公司还是想让我过去继续通过写热点爆文涨粉，但那条路我已经摸到天花板了。我最后的选择是升级模式，从自己写爆文、运营公众号，升级为教别人写爆文、教别人运营公众号。

于是，在 2017 年，我加入了一家新媒体培训公司做内容副总裁，主要负责写课、讲课。那一年，在我个人的极度努力和平台的支持下，从销售额这个数据上看，我成了新媒体行业第一讲师，在圈子里有了自己的一席之地。这份工作是我当年的 offer 中唯一一个不以写作、运营公众号为工作内容的 offer，我做出了正确判断。

2018 年

经历了 2017 年的奋斗，在 2017 年年底，我又在寻找下一个成长突破点，思考如何再次升级。当时我年薪 50 万元，但看不到更大的发展机会。回看整个新媒体行业的发展历程，我得出了一个判断：尽管在 2018 年，人人都说红利期已逝，但我仍然有机会。我拿出了一张纸，认真盘点了自己身上所有的"比较优势"，准确地找到了自己的突破口。

2018 年 3 月，我正式辞职，创立公众号 @ 粥左罗，靠着一个人、一台电脑，开启了超级个体之路。

2019 年

对我个人来说，起步时做一个超级个体是有必要的，等到一年之后初具资源，再开始正式由超级个体的公司转型。我在 2018 年年底招了第一个助理，在 2019 年年初招了第二个，到了 2019 年 5 月左右，我才认为时机已到，开始真正着手搭建团队。

2019 年 6 月，我的第一个助理文文因为成长飞快并且做出了很大贡献，人又极其靠谱，成了我的合伙人，负责运营业务，组建了一支很精干的运营团队。同时，我花了半年时间陆续筛选、招聘、培训了一支编辑团队，和我一起做内容和课程。

这一年，我完成了从超级个体到公司团队的转型。

2020 年

我在 2019 年年末花了一个月时间研究、制定了 2020 年的关键战略。

我们的自有用户体量已初具规模，我们没有花一分钱买流量，每一个用户都是因为我们的优质内容而关注我们的。因此，2020 年，我们要搭建出向上生长学院的核心课程体系，完善产品品类，同时并行推进音频课、线上训练营和线下公开课。

截止到 2020 年 5 月，我们已有 15 名正式员工，近 10 名长期兼职人员；公众号"粥左罗"和"粥左罗的好奇心"共有近百万粉丝；向上生长学院已经有 4 门爆款课和两个爆款训练营。预计到 2020 年年底，我们将有超过 8 门音频课和 5 个训练营，将完成核心课程体系的搭建。2019 年，我们团队完成了 2 倍的年收入增长。2020 年，我们会突破千万年收入。2021 年，我们会有更大的想象力。

以上就是对我过去 6 年多成长路径的简单梳理。你会发现：我几乎平均每年都会让自己升级一次、迭代一次。这样的成长、迭代速度，绝对不是自然而然发生的，绝对不是靠按部就班的努力就可以实现的，它一定是刻意经营、刻意规划的结果。

快速成长的背后，都有一套方法论的支撑。

有人经常问我，你为什么总是能在短短一年内就完成一次很大的升级？其实从我的角度来看，如果你能有意识地以天为单位逼迫自己刻意成长，一年一点儿都不短，它足足有 365 天之久，365 天可以做很多很多事。但如果你不这样逼迫自己成长，一年确实很短，因为你无非是在按部就班中把一天重复了 365 次而已，你的成长不会有质的飞跃。

学会成长再成长，个人爆发式成长是有一套模型的

李笑来有句话：学习学习再学习。这句话并不是一个词简单重复三遍而形成的，而是指先学习如何学习，再拼命学习。

我也有一句话：学会成长再成长。这句话的意思是，先要学会如何成长，再拼命成长。

因为成长并非你有意愿就可以做到的，它就像任何一门技能，我们应该遵循科学的训练方法去获得这门技能。如果你没有训练方法，成长就会事倍功半，很多努力是无效的；如果你有训练方法，就会事半功倍，每一份努力都有实打实的效果。

前文讲述了我的刻意成长之路。我成长的每一步背后都有大量的方法依据、决策依据、经营方式的支撑，其中大多数并不像表面上看起来那么简单。为了更好地理解成长，我把成长这门学问梳理成了这本书。

在当今社会，成长是每个人的人生关键词。你还在等待成长的自然发生吗？高手都在刻意成长，只有掌握成长的方法与要领，你才能掌握未来的人生。成长的本质是一种技能，它有一套行之有效的方法，也有规律可循。

人人都知道规划个人成长是一件极其重要的事，但很少有人会真的抽出大量时间来研究和规划。为什么呢？因为这一直是一件重要但不紧急的事。我们每日陷于繁忙的工作和生活之中，忙得没能留出时间成长，这是成长最隐蔽的杀手。

这一次，我希望你能借助这本书真正行动起来，抽出一小部分时间，系统地掌握一套成长方法论，先学会成长，再规划成长，最后持续行动。

这本书将从五大版块的 25 个思维模型开始，讲述爆发式成长的法则，帮助你更快、更好地向上生长，把握人生。希望你在学会成长的同时，也能拥有更加美好的人生。

目录

第一章

解题之前选对题 / 001

人生是一场解题之旅，纵然你解题能力很强，也常常因为选错了要解的题，而丧失很多发展机会。

第二章

解锁人生更优解 / 045

题定了，但不同的解法，收益可能差着十倍。成长无止境，永远没有最优解，只有更优解。

第三章

透过现象看本质 / 089

拨开迷雾，穿透表面，回归一切成长问题的本质，掌握破解成长困局的底层思维。

第四章

看见和相信共进 / 135

如果你不相信奇迹，奇迹就注定不会发生，因为不相信，你便不会按它发生所需要的做法全力投入，所以它真的不会发生。

第五章

个人发展靠经营 / 185

没有人比企业家更懂得做选择、抓机会、运作资源、实现增长。一个人应该像企业家经营企业一样经营自己的成长，经营自己的一生。

解题之前选对题

第一节　筛选思维：随意选择的人生，不值得一过

人生是一场解题之旅，读书、恋爱、工作、结婚、买房……你解开一道道难题，会使人生越来越好。

不过解题之前，还有关键一步——选题。人生基本上就选题和解题两件事：先选题，再解题。最好的人生当然是在每一个关键节点，既选对题，又解好题。如果你只是解题高手，却不是选题高手，那就可惜了，因为人生最大的痛苦就是你解对了题，但选错了题，而且你还不知道自己选错了题。正如人生最大的遗憾就是，不是你不行，而是你本可以。

所以，在本书的开始，我们先讲如何选对题。先选对题，再解好题，这就是《孙子兵法》所说的"胜兵先胜而后求战"①。

我们先来回答一个问题：人生最重要的是什么？我认为是做选择。

人这一生，其实是由无数选择构成的。大的选择比如去哪个城市读

---

① 这句话的意思是，胜利的军队总是先创造获胜的条件，而后才寻求同敌人决战的机会。

书、学习什么专业、和谁结婚、在哪个地方安家、进入哪个行业、追随什么样的老板、与什么样的人深交，等等；小的选择比如我今天看哪本书、听哪门课、要不要参加某个活动、是否与某个人聚餐、买哪个品牌的电脑，等等。

大的选择，小的选择，你无时无刻不在做选择，所以你应该意识到，选择水平不同的人，哪怕起点差不多，最终的人生高度也会是截然不同的。会做选择的人，在人生这场"选择马拉松"中，会一步一步甩开大多数人。

多数人都在过一种随意选择的人生

我的标题为什么用"筛选思维"，却不用"选择思维"？其实，选择更类似于一个"决策动作"。比如下面这种情况。

你说："我选择去 A 公司上班。"

我问："你是从多少家公司里做的选择？"

你说："没有没有。我从上家公司离职后，好朋友内部推荐我来这家公司面试。我感觉挺不错，就选择加入。"

这就是大多数人所谓的"选择"。

写作本书这段时间，我的公司也在招人。面试时，我都会指着简历上的任职经历问面试者："你当初为什么选择加入这家公司？"毫不夸张，绝大多数人的理由都很荒诞，比如：刚好我有同学在这家公司；朋友推荐我来；爸妈在北京，所以我毕业后就过来了；刚好看到这家公司在招聘……

有时候我都忍不住直接问面试者："你不觉得你在选择工作时过于随意了吗？"这就是我为什么要讲筛选思维：没有筛选，就谈不上选择。

什么叫筛选？我去搜索了这个词的基本含义，有两个：

第一，利用筛子进行选种、选矿等；

第二，泛指通过淘汰的方法挑选，比如经过多年的杂交试验，选出优质高产的西瓜新品种。

因此，筛选意味着你首先得有足够多的"备选"，否则就谈不上选择。

之所以说多数人的选择都是随意选择，就是因为他们的选择都不是从足够多的备选中"筛"出来的，他们大多是碰上什么就选择什么，我称之为"佛系选择"。比如：

刷朋友圈时，随便点开一篇标题吸引眼球的文章，就开始阅读；

晚上想看部电影，打开视频 App，随便选了一部就开始看；

周末没事，想看会儿书，随手拿了本书就读了一下午；

想通过学习提升自己，于是随便买了几门课就开始听；

要换工作了，随便面试了两家公司，觉得差不多就加入了；

到结婚年龄了，随便选了个差不多的人就成家了；

……

这些选择的后果是什么？

你现在工作时流的泪，都是当初选公司时脑子进的水；

你现在婚姻不幸福，都是因为当初选对象时太随意；

你现在学习时觉得脑子不好用，都是因为当初选专业时没有用脑子。

随意选择的人生，不值得一过。

选择的代价——凡有选择，必有放弃

为什么做选择时必须筛选？因为选择是有代价的，任何选择都有成本。不过跟多数人想的不同，它最主要的成本不是时间成本，更不是金钱成本，而是机会成本，因为凡有选择，必有放弃。

你选择加入这家公司工作 3 年，等于这 3 年你放弃了其他公司带给你的各种可能性；

你选择跟这个人结婚并共度余生，等于这辈子你放弃了其他人跟你在一起的机会；

你选择跟 A 平台独家合作，等于你放弃了其他所有平台能给你的资源；

你选择今天晚上看这部电影，等于你放弃了其他电影影响你的可能性。

我很久以前就想写这本书了，很开心终于写了，因为每每想到随意选择的代价，我就很抓狂，比如我写完上面这几行字，还是忍不住想问：为什么很多人在很多至关重要的选择上态度那么随意呢？如果有人不在乎自己这辈子会活成什么样，那他无论怎样选择都无所谓。如果有人仅仅是因为没有足够好的"筛选思维"才这样，那我希望这些人都能通过阅读本书真正受益，因为这本书就是写给这些人的。

选择具有唯一性、排他性、不可逆性，因为时光不能倒流，经历不能收回。选择的这种特性要求你：你做的每一个选择，都应该是你能选择的最好的那一个，你所放弃的都不如你所选择的。

凡事提高标准，是跑赢人生的关键

如何选择？

只要你心中永远有一种"标准意识"即可。选择即取舍。之所以很多人在"取什么，舍什么"方面很随意，碰上什么选什么，其中很大一部分原因就是他们"没有标准"。因此，具备筛选思维的前提就是：凡事提高标准。判断大多数事情的好坏是有标准的。

比如在选择看哪部电影时，你要提高标准，你可以先从豆瓣评分9分以上的开始看，然后再看8分以上的，你可以先从满足你设定的标准的清单里筛选。我实在不理解那些随便打开一部电影就开始看的人。你要知道，自电影诞生以来，拍出来的好片你一辈子都没机会看完，你怎么能把时间用在看烂片上呢？

比如在选择看什么书的时候，你要提高标准，要看评分，看风评，看作者背景，看出版社。只需5分钟，你就能判断这本书值不值得读。但很多人不做这样的工作，书架上不知道摆了多少烂书。你要知道，读烂书不仅无益，还有害处呢！想想你的精神世界若是由一堆烂书构成的，不可怕吗？

比如在选择听哪门课时，你要提高标准，要看有多少人买过这门课，看评价怎么样，看授课老师过去的作品怎么样，看他是真有实力还是只会营销自己、包装自己，老师的人品怎么样也至关重要。有时候，你看看这个老师的课程软文就知道如何选择了，那种过度承诺、夸大效用、不够真诚、充斥着教人一夜暴富气息的课，你就别听了。

比如在选择加入哪家公司时，你要提高标准。你一定要明白，你的职业生涯的黄金时间就 20 年，这 20 年里你换工作的机会可能只有 10 次左右，每一次选择都很重要。每一次换工作时，你都不要随便选一个朋友推荐的、爸妈希望你去的、多给几千元薪水的、离家近的、工作轻松的、更稳定的……别这么随便。行业怎么样、公司在行业里的排名怎么样、老板怎么样、公司近几年的发展怎么样，这些信息你都要了解，何况找这些信息并不难。

比如在选择伴侣时，你更要提高标准。选择与谁共度一生，几乎是一生中最重要的选择，这个选择可以改写一个人的命运，所以，你在做其他选择时都可以偷懒，但在做这个选择时千万不要随便。记住一句话：不合适就是不合适，真正合适的不会让你有半点纠结。

看完这些场景，你自己就能明白，凡事提高标准，是跑赢人生的关键。

所以，在做任何选择时，都应把标准定得高一点，比如多和优秀的人深交，多和靠谱的同事走得近一点，多和你佩服的人吃饭，多筛选一些更好的公众号关注，多听一些靠谱的老师的课，多读点好书，多屏蔽一些负能量爆棚的人的朋友圈，等等。

我的合伙人在招运营人员时，有一个应聘者条件不太符合，但特别想做这份工作，而且他跟我的合伙人认识，有过几个月的合作，所以合伙人就犹豫了、纠结了，说"其实他也差不多能做"。

我就说："差不多，就是差很多。如果每一个'差不多的人'我们都要，最后我们就会组建起一个'差不多的团队'，那是你想要的结果吗？所以，请提高你的标准。"

讲到这里，不得不说：认真做选择是一件麻烦事，但花在做选择上的时间永远都是值得的。比如招人时招了一个各方面都凑合的人，招的时候简单，但招进来后麻烦不断；而招人时认真筛选一个合适的人，招的时候是麻烦，但招进来后就让人省心多了。比如换工作，随便选一家公司是很轻松，但这种轻松带来的是后面一两年的煎熬。比如找对象，如果你随便找个人凑合着过了，那么余生可能都得凑合着过。

别说自己没得选，你永远都有得选

《无间道》里有一句经典台词：以前我没得选，现在我想做一个好人。这句话里有个词叫"没得选"，很多人在聊到很多选择时，也会说"我没得选"。

我学历不高，没得选，我只能做这种工作；

我家庭条件不好，没得选，我只能早点结婚生子；

虽然这些兼职没有任何含金量，但我没得选，因为我要赚奶粉钱；

虽然我不想考研，但没得选，因为我爸妈一直逼我；

虽然那家公司对我的成长更有利，但我没得选，因为这家公司给的工资比那家多一倍，我得租房、得在北京活下去啊。

你有没有发现，大多数人在说自己没得选的时候，其实是在给自己找借口。为什么呢？

第一，所谓选择，就是在你能做的选择里进行筛选。很多人说，"牛人"才有机会做选择。其实不是，BAT 的高管有他们的备选，其中总有更好的；小公司里的普通员工也有自己的备选，其中也总有更好的。月薪 5

万元的人可以有很多选择；月薪 5000 元的人也会有很多选择。

第二，人在任何时候、在任何事上都是有选择的。有选择的人永远觉得有选择，没有选择的人永远觉得没有选择，希望你做前一种人。北漂的前两年，为了做喜欢的工作，我甘愿住在地下室。我后来赚到了钱却没有选择买房，而是选择了创业。

第三，不做选择也是众多选择中的一种。有些事情是你注定无法避免的，选择正是如此。你没有选择筛选更多公司去面试时，其实你也做了选择，你选择了随遇而安；你没有选择试着改变时，其实你选择了维持现状；你没有选择尝试尽力做到极致时，其实你选择了接受平庸。

总结一下，很多人可能会记不起自己做过什么重要选择，就好像自己从未选择过。其实不是，人不可能不做选择，只是你在做选择时没有思考，没有筛选，以为这样可以逃避，但其实这也是选择，而且是最糟糕的选择。你稍微认真一点，做出的选择就会更好。希望看完这一节后，你开始培养筛选意识，凡事提高标准，这样，你就能选择一个更优解。而且选择时一定不要怕麻烦，越是至关重要的选择，越需要我们付出时间和精力，但这些付出也是值得的。随意选择的人生，不值得一过。

思考

升级思维的目的是改变行动。请你反思一下，在过去的岁月里，有哪些至关重要的选择是你本可以做得更好，但你没有做到的？请你再思考一下，在未来的岁月里，有哪些至关重要的选择是需要你认真做的？在平时的工作或生活中，筛选思维对你有哪些具体的帮助？

第二节　赛点思维：小机会随便错过，大机会死命抓住

我们已经理解了筛选思维。凡事有选择，处处有选择，一个人应该在各方面提高选择标准，这样会大概率地让每一个选择都是自己所能做出的最好的那一个，让自己在持续正确的选择的帮助下跑赢人生。接下来，我们介绍如何抓住人生中每个关乎终局的选择，也就是抓住那些赛点式的机会。

何为赛点？赛点这个词是我从体育比赛中看到的，指的是比赛进入了关键时刻。此时，只要拿到赛点，抓住决胜机会，战胜对手，你就能笑到最后。人生又何尝不是如此，有所成就的人，并非一路走来都一帆风顺，更非时时刻刻有机会，很多人在成功之前跟普通人并无两样，有些人的境况可能比普通人糟得多，但这些人的厉害之处在于，当出现赛点时，他们会死死地抓住，鲤鱼跃龙门。

导演饺子22岁时放弃学了3年的药学院的专业，转行学计算机动画，立志做出优秀的国漫作品。在此后十余年中，他始终没有等到机会。直到2015

年，光线传媒旗下的动画公司找到他时，他才等来了那个机会。他死死地抓住了那个机会，死磕近 3 年拍出《哪吒》，直接"逆天改命"，而且不是小改，而是大改——《哪吒》票房超过 50 亿元，饺子直接从默默无闻的导演成为中国电影票房排行第二的影片的导演，这一步迈得有多大，可想而知。

人生不需要时时有机会，抓住几个足矣。当机会来的时候，你一定要咬着牙对自己说："赛点来了！赛点来了！"

小机会随便错过，大机会死命抓住

我今天当然算不上成功，但鉴于我的起点之低，能走到今天，也算小小地改变了整个家庭的未来，我的故事或许能给你一些启发。

我生在农村，父母都是农民。在个人前途发展上，我几乎借不到任何势能。我唯一可以借到势能的机会，就是高考。什么叫死命抓住机会？

当时，我读的中学是我们市最差的，升学率极低，低到大城市的孩子无法想象。我读书那会儿，6 个文科班几乎每年在高考中都会"全军覆没"，一个能考上本科的学生都没有。我那年考上了，考了全校文科第一。在别人看来，这还不赶紧摆酒席，读大学去。然而我没有，我放弃了。

如果高考是我唯一的杠杆，我能把自己"撬"到哪里？这一杆是会深深地影响我的一生的。我决心重新"撬"一下。那年夏天，我一个人坐着大巴车去了省城济南，找了一家复读机构。一年之后，我重新参加高考，考了 621 分。这个成绩可以把我"撬"出省外了。我选择了北京体育大学，对我来说，去哪所大学、学什么专业并不重要，重要的是我能从山东农村一脚迈到北京。

2019 年高考后，一个亲戚的孩子说想复读，因为他高考时没发挥好。我问他咋回事。他说考英语时睡着了。我虽没说啥，但我想他即使复读也无济于事。很多人根本没有分寸感，不知道人生中哪些事是大事。

我平时也是一个吊儿郎当的人，但只要逮住机会，我会真拼。越是在决战的时刻，我状态越好。我高考考了两年，在第一次高考之前，我从来没考过学校第一，基本上都是在第十名左右，第一次高考直接考到全校第一，取得了我整个高中时代最好的成绩。复读那年，在期间各种模拟考试中，我几乎考不到 600 分，第二次高考考了 621 分，取得了我复读那年的最好成绩。

很多平时成绩好的人，一到决战的时候各种掉链子，要么紧张了，要么发挥失常了。我绝对不允许自己那样，快要决战时，我有各种方式让自己进入最佳状态。当年英语考试前一天晚上，很多同学聊天、狂欢，我一言不发，早早睡觉。第二天一大早，大家还在睡觉时我就起床了，出门找了一个安静的角落，把从英语周报上剪下来的阅读理解文章、作文范文认认真真地读了几遍，直到快要考试进场的时候，我才收起东西，赶到考场。我这么做，是为了在开始做题之前把最佳语感培养出来，把那种心流状态无缝衔接进考场。成绩出来后，我英语考了 136 分。在整场高考中，我就保持这种状态，每门课都发挥得很好。

这是我人生中第一个大机会。

之后好几年，我的人生又进入灰色状态。以我的家庭背景、成长背景，我在大学里和很多农村来的孩子一样没有存在感，毕业后没什么好的工作机会，人生没有方向……我摆过地摊，做过服务员，但我从来没想过离开北京，因为我要在这里等下一个机会，等一个在小城市里没有的机会。

2015 年，我闯入新媒体行业，自那一脚迈进这一行，新媒体这个杠杆一"撬"把我"撬"到了今天，让我有了自己的公司，那是我人生中第二个大机会。很多人会问我这些问题：你当时是做服装店店员的，怎么进得了专业媒体？你凭什么能通过面试？还是那条原则：小机会随便错过，大机会死命抓住。

2015 年 8 月的某天，我回学校摆地摊时遇到个朋友。在聊天过程中，他建议我尝试一下新媒体的工作。后来我和他以及当时创业邦的一位编辑吃了顿饭。饭桌上，那位编辑问了我一些问题，觉得我这人不错，说可以推荐我去面试，但不能保证我会被录用，因为我没有一丁点儿经验，也没有任何相关背景。

我当时想，拼了命也要抓住这个机会。面试前，我从百度百科、知乎、微博等平台查询资料，又向许多朋友打听，全面了解了这家公司，整理了很多资料，还经常在家自问自答地演练面试过程。谢天谢地，更感谢自己的努力准备，这次面试十分顺利。但在最后一轮面试中，面试官还是留了份作业：如果你来运营"创业邦"公众号，你会怎么做？我完全理解领导的用意，因为要相信一个服装店店员能做好新媒体的工作，确实需要一些勇气和魄力。

但我也在想，我能做点什么，才能让他相信我的能力？那时我已毕业一年，还在住地下室。之后的 3 天，我把自己关在地下室里，读了创业邦及其竞品 36 氪、虎嗅的几百篇文章，分析选题、标题、阅读量、点赞数、评论数等，又学了很多新媒体运营干货，最后以 PPT 的形式做了一份 88 页的运营报告，并把它提交给了面试官。当时做 PPT 的技能也是现学的，我在淘宝上买了许岑的课。

将 PPT 发给面试官那晚，我还发了个朋友圈。那天是 2015 年 8 月 14 日，周五。因为这份 PPT，我抓住了"那个机会"，8 月 17 日就入职了创业邦，从公众号小编做起，月薪 5 000 元。

很多人说机会很重要，但是很多机会不是从天上掉下来的，而是拼命努力抢来的。比如我抓住的这个做小编的机会，其实换作与我背景相同的其他人，只付出一般的努力，多半是抓不住的。

我在插座学院时招聘过新媒体编辑。我当时认为，只要你愿意在这行发展，我就一定有能力把你带得很好。很多人投简历，想抓住这个机会，但说实话，那些应聘者中 90% 以上的人都没有认真准备过。

抓到一条"大鱼"后，千万别轻易放手

"好机会不常来。天上掉馅饼时，请用水桶接，而不是用顶针。"这句话不是我说的，是巴菲特说的。

查理·芒格说：去掉前几个最牛的投资，巴菲特什么都不是。这句话是什么意思呢？翻译成大白话就是，巴菲特的巨额财富，其实是为数不多的几条"大鱼"给他赚的。水深浪急，抓到"大鱼"后，千万别轻易放手。

1976 年，巴菲特抓到一条"大鱼"——如今的美国第二大汽车保险公司 GEICO。他陆续买入这家公司的股票，直到占有 GEICO 近 50% 的股份。对大部分人来说，这足够了。但对巴菲特来说，不够。他一直盯着这条"大鱼"。

1995 年，巴菲特提出以 23 亿美元的价格收购剩下的近 50% 的股份，这个价格几乎相当于前一半股份价格的 50 倍，人们以为巴菲特不会在如此高位买进，用 50 倍的价格加仓，这太疯狂了，但巴菲特出手了。后来他大获全胜，GEICO 使伯克希尔·哈撒韦公司的内在价值增加了 500 多亿美元。

巴菲特曾说，在他 40 年的职业生涯里，只有 12 个投资决策，使他拥有了现在的地位。买入 GEICO 的股份应该是其中最重要的一个。GEICO 是巴

菲特的"初恋",更是他一生的"好运"。很多人并不知道,这是巴菲特跌过跟头后的补救,他更早之前就抓到过 GEICO 这条"大鱼",只不过很快把它放了。

在 1951 年,巴菲特还是格雷厄姆^①的学生时,用自己的大部分资产——约 1 万美元买进 GEICO。第二年,巴菲特赚了将近 5 000 美元,他开心地全卖了。20 年后,这些股票的市值竟高达 130 万美元,比他买进时翻了 130 倍。这给了巴菲特巨大的教训,他说:绝对不能卖出一家显而易见的卓越公司的股票。这句话的意思就是:抓到一条"大鱼"后,千万别轻易放手。

有人说,这些事离我们凡人太远了。不,现实中同样如此。我当年加入创投媒体创业邦,运营行业大号,其实这对每一个进入该行业的小编来说,都是抓到了一条"大鱼"。但很明显,大多数人没有珍惜这条"大鱼"。

我当时非常明白,在这样一个大号上推送文章,一天有三次推送机会,写得好的文章很容易实现 10W+(阅读量超过 10 万次),而且几乎没人左右你的选题。我心想,我每发一篇文章都可能会被 10 多万人看到,哪还有这么的好机会!我于是拼命地写,不分上下班,不分工作日和休息日。

这无关乎工资,因为这样的"大鱼"让你碰上了,你却不拼命抓住,简直是暴殄天物。只想着赚工资、按时上下班就太傻了。我就这样把自己"写"出名了。当时有那么多同事,但没人像我这么干,甚至几年过去了,很多人仍不明白那是一个什么样的机会。

① 本杰明·格雷厄姆,《证券分析》一书的作者,被誉为"财务分析之父"。——编者注

从入职创业邦到今天已有 5 年了，我现在在做什么？

我不让自己休息，不让自己享受。到今天，我依旧保持高强度的"写好文章、写有价值的课程、写好书"的工作节奏，为什么呢？因为我抓到了这条"大鱼"，我又怎么能小富即安、赚点广告费就算了呢？这绝不可以。

我虽然赚到了钱，但无心研究买房买车。我勇敢地投资自己，租了更大的办公室，招人组建团队，继续骑在这条"大鱼"的背上，让它带我走得更远。我绝不能说：差不多了！

我不会轻易放手，因为这样的机会并不多见。我可能有幸、有机会借此走上一条更广阔的路，我绝不能现在停下来庆祝胜利。

关键节点不犯错，要成为处事原则

请问，如何才能在赛点到来时抓住那条"大鱼"？抱歉，如果你平时是个糊涂人，那么赛点来了你还是个糊涂人。只有把这种"关键节点不犯错"的思维在平时做事时体现，让它变成你的处事原则，你才能"每逢大鱼接得住"。

我的书《学会写作》出版后，有朋友买了 100 本做活动。结果推文的题目中"粥左罗"写成了"粥佐罗"，这是个很严重的错误。说这个错误严重，不是说这个错误本身严重，而是说在如此关键的节点上犯错误是不应该的。

我的公众号文章中几乎每一篇都有错别字，但你见过我在标题里写错别字吗？绝对不会。我的同事知道，推送文章之前，我会两眼盯着题目，用手指着，一个字一个字地读出来，确认题目中没有任何错误。

我见过很多百万大号、千万大号经常在关键节点上犯低级错误，比如文章发布后发现推的是昨天的内容；设置定时推送后又改了很多内容，结果最后推送的还是改之前的版本；推送文案写的是让用户点击阅读原文中的链接购买产品，结果没放链接……

在生活、工作中，我们难免犯错、马虎或者偷懒，其实都没问题，只要你在关键节点上做好就可以。

我有个做自媒体工作的好友，他犹豫了很久之后，终于决定做知识星球的付费社群。结果他看到大家"618"①都在做活动，自己也想赶紧发一篇招募文案，于是用了1小时就把招募文案写好并推送了。

他虽然没犯错，但绝对在关键节点上偷懒了。你的产品定位、价格区间、价格策略、文案写作、推广计划，等等，都应该是经过非常认真的准备后才推出来的。很多人没准备好就直接发出来了，结果只能是自己坑自己。

2017年是我的职业黄金年。那一年，我的课程推广文案遍布各大自媒体平台，累计阅读量超过6 000万，销售额超过1 000万元。从销售额这个数据上看，我都算是新媒体行业第一讲师，是我们平台很多老师课程销售额加起来的总和。

为什么是我？

我注意到了一个关键节点。当时，公司拿出很多钱，组成专门的推广组给老师推课。钱怎么花呢？当时公司会算每次推广的"推广系数"，即一次投

---

① 每年6月18日是京东店庆日，简称"618"，后演变为电商行业一年一度的节日，在这一天，许多商家都会推出一系列的促销活动。——编者注

放的收入除以一次投放的成本所得的数值。哪门课的推广系数高，公司就大力推广哪一门。这里面有一个关键节点——推广文案的质量。我死命抓这一点，不停地打磨自己的文案，力求把转化效果做到最好，后来证明，推广组最喜欢推的就是我的课。很多老师在推广课程时，别说推广文案好不好了，到了推送日期，他们的文案还没写好呢。而我不仅写好了，还每个月出新版文案，这样，上个月投过的号，下个月还能用新文案复投。

很多老师认认真真地准备了三五十节课，把产品打磨好了，以为万事大吉了，就在推广文案这种关键节点上偷懒。他们经常在给出推广费的同时，给对方账号一篇很差的推广文案，这种做法无异于让推广费打水漂。

所以，在平时的工作或为人处世中，你要树立一个原则：不管做什么事，做之前先明确，影响这件事成败的关键节点是哪几个，然后，你永远都不应该将你的时间、精力、心力均分在每一个节点上，永远要把它们投入关键节点，因为关键节点决定成败。

慢慢地，这种处事原则会成为一种本能反应。当你遇到人生中的"大鱼"时，你不会熟视无睹，你会敏锐地发现它，并大声告诉自己"赛点来了"，然后死死地抓住它。手里没好牌的人，更要拼命抓住每一个大机会。

思考

升级思维的目的是改变行动。请你梳理一下，在目前的工作中，你的核心任务是什么？完成核心任务的关键节点是什么？你是否经常这样分析工作？同时反思一下，你过去是否抓到过"大鱼"，却傻傻地放手了？

第三节　战略思维：学会放弃，
做"无情"的优先排序者

我们前面讲过了，凡有选择，必有放弃。战略思维中比较核心的两点就是放弃和排序，意思分别是通过放弃找到最核心的选择，通过排序找到推进一件事的最佳顺序。

为什么要有战略思维？

大家都知道加多宝，它最初的定位是药用保健产品，年销售额不到1亿元。后来，加多宝进行战略调整，放弃药用保健产品的定位，将定位改为解决上火问题的产品，从而进入大众消费市场，其年销售额猛增至几百亿元。如果加多宝战略不变，那么靠激励销售员的方法，也许可以让销售额从1亿元变成2亿元；靠优化配送效率的方法，也许可以让销售额从2亿元变成3亿元；靠并购同等规模的竞争对手的方法，也许可以让销售额从3亿元变成5亿元。

这些方法看起来都很有效，但从销售额增长量级来看，这些方法都没有让企业实现实质性跨越。只有改变定位，优化战略，加多宝才能让销售额从 1 亿元变成几百亿元，才能实现量级的巨变和根本性跨越。

对于一家企业来说，任何执行环节的改良，都不如战略环节的改良重要。一个好战略能够产生强大的杠杆效应，其力量会超过任何会计师、广告人、销售员所能贡献的最大力量，它能让你实现倍数级，甚至指数级增长，帮你更快、更好地达成目的，增大成功的概率。

企业发展如此，个人发展亦是如此。

中国约有 90% 的人月薪不过万。假设你月薪 5 000 元，如果更认真地工作，一个月可能多赚 1 000 元；如果多加班，一个月可能多赚 1 000 元；如果跳槽，可能涨薪 1 000 元。你会发现上面这些做法不会给你带来质的变化，你的月薪可能只能从 5 000 元涨到 1 万元，不能年入几十万元甚至上百万元。要想发生实质性跨越，还是得靠战略设计能力。

设计战略时要能够"无情"地放弃

第 91 届奥斯卡金像奖最佳纪录长片《徒手攀岩》于 2019 年 9 月 6 日在中国上映。我看完之后发了一条朋友圈，配文只有俩字：无情。

这是我对主角亚历克斯（Alex）最大的感受。

许多以徒手攀岩为事业的人，命都不长。在几百米高的岩壁上，攀岩者没有任何保护设施，只有一副肉身。哪怕是一次再微小的失手，都意味着死亡。完美或者死亡，每一次徒手攀岩的结局只能是其中一种。可这样一个人却有爱人。

女朋友不断问他："难道你不觉得有责任为了我活得更久吗？"

亚历克斯说："我不会为了你而尽量延长自己的生命，我不觉得自己有这个义务。"

一个人在"得"的时候，你无法看清他，只有他面临"舍"的时候，你才能真正认识他。人这一辈子，就是一个得到的过程。但是想得到的太多太多，最终能得到的必然是少的。一些真正能大"得"的人都是"无情"的。对于你不敢放弃的、你不舍得放弃的，他们都敢，也都舍得放弃。

有个创业者叫陈睿，2010 年作为金山网络（现猎豹移动）联合创始人跟随傅盛创业。2014 年 5 月 8 日，猎豹移动在美国纽交所正式上市。但在猎豹上市前，陈睿离开了，加入 B 站创业，按照当时猎豹的股价，他因为早走几个月，至少放弃了 1 亿元。

决定离开时，傅盛问他："这么急吗？马上要上市了。"陈睿说了一个字："嗯。"

后来他解释："我退出猎豹去做 B 站绝对不是出于经济上我算清楚了，我只有一种预感——我如果不去做这件事，我会后悔一辈子。B 站可能是这辈子我能遇到的最适合我的事。有时候你只能先舍再取，这是一个最简单的道理，人这辈子只能要一个东西。"

然后呢？ B 站 2018 年上市，如今市值超过 80 亿美元，陈睿是 B 站的董事长兼 CEO。

上面讲的算是人生中的大舍大得。普通人在职业选择上呢？你够"无情"吗？敢放弃那些常人会不舍的东西吗？

"90 后"自媒体人李叫兽读研一时收到一个年薪 300 万元的 offer。这对于一个没有工作经验的研究生来说，是很有诱惑力的，但李叫兽花了5分钟就拒绝了。

我得知他这段经历时很震惊，心想：一个年轻人得有多大的定力，才能抵得住如此诱惑？后来我才明白，这就是遵循个人发展战略的结果。当一个人放弃了某些东西时，他一定是在战略上找到了更优解。我们外人看，他是经受住了诱惑，但他自己知道，这么做其实是为了未来获得更大的发展。

李叫兽是如何做战略定位分析的？

战略定位分析的第一步就是放弃。选择的背面是放弃。选择了A，往往意味着你不能选择B、C、D。从战略角度思考，他认为这份工作无法让自己发挥最大的竞争优势。

他为什么选择在自媒体这个方向上突破？因为他发现，人要成功，必须建立人际网络。而建立人际网络大概有两种方式：

第一种，不断地与人交流，建立情感联系；

第二种，通过知识或能力的吸引，让别人想要认识我。

李叫兽分析，第一种方式是他所不擅长的，因为他不善社交。在战略上，有一个很重要的原则是扬长避短。于是，他开始做自媒体，写大量有深度的商业分析文章，放弃无意义的社交，专注于在知识领域的创造，持续放大自己在这方面的优势，甚至达到别人无法企及的高度。

事实证明，这种战略是成功的。通过一周一篇的营销干货，他在公众号上收获了50万用户，在营销圈打造了强大的个人品牌。最终，他拥有的人际网络和资源，远超那些社交能力比他强的人。2016年年底，李叫兽创办的公司被百度估值1亿元收购，25岁的他，成为百度最年轻的副总裁。

培养战略思维的第一步，就是学会放弃。不管是人生还是事业，你不可能啥都要。大舍，是为了大得。

设计战略时要做无情的优先排序者

培养战略思维的第一步是放弃，第二步呢？答案是排序。

为什么要排序？

一是因为你的精力有限，不可能事事都做到完美。

二是因为并非事事都会决定成败，所以你也没必要事事做到完美。

所以，先排序，再做事。

创业后，我最大的一个感受就是：太忙了！时间永远不够用！有一天我突然想：我现在只是管理一个 10 人的团队就这么忙，是不是不太正常？我也没做多大的事业啊？

所以，我就去研究，研究完，我在墙上挂了一张纸，上面写了一句话：巴菲特都比你有时间。

每当我特别忙的时候，我都这样提醒自己，让自己反思，是不是被繁忙的工作"杀死"了。巴菲特是如何不被繁忙的工作"杀死"的？因为他选择做无情的优先排序者。你可以通过以下三步做优先排序。

第一步：写下你的 25 个目标。

第二步：认真排序，选出你最迫切想实现的前 5 个目标。

第三步：不惜一切代价，避免在后 20 个目标上耗费精力，除非你已经成功完成前 5 个目标。

有很多人从来没做过这样的排序，所以成年累月地做着无关紧要的工作。还有一些人做过这样的排序，但是在执行第三步时做得很差。他们虽然知道自己最重要的目标是什么，但总是忍不住做那些次要的事。

2019 年 3 月，我想实施战略转型，从运营一个自媒体账号转型经营一家以"内容＋教育"为核心的公司。所以，我要将"一个人＋一个助理"变成一个团队。有一天，我发现我的团队建设速度比较慢，为什么呢？

我每天需要写稿子、写分享、写课程内容，我还要听课、看书、与他人交流学习，等等。写完一篇稿子，发出来后获得很高的阅读量，我会很开心；做一次分享，很多人来听，我会很开心；写课程内容很重要，所以我得抓紧写；听课与看书都是必须做的啊，人不学习就不能成长啊……

每一件事都吸引着我去做，我真的会忍不住去做。我发现我在走一条繁忙但"必死无疑"的路上。

我用巴菲特的方法反思自己，把一件事的优先级提到了第一位，这件事就是：招人。

当写稿子和写招聘文案有时间冲突时，我选择写招聘文案。

当写课程内容和筛选简历有时间冲突时，我选择筛选简历。

当听课、看书、学习和面试有时间冲突时，我选择面试。

所以我很快组建了一个超过 10 人的团队。

当然，我现在管理的团队还是一个小团队，但在做了战略排序后，我跟过去的自己比，确实进步了很多。巴菲特从他的日程表上划掉了几乎所有 CEO 必须完成的任务：

他几乎不与分析师交谈；

他很少接受媒体采访；

他几乎不参加行业活动；

他几乎不出差，除非特别必要；

他几乎不像典型的 CEO 那样参加很多内部会议。

任何时候，我们都应该做一个优先排序者。

我有两个写作训练营。每次开营直播，我都会做一次分享，我有时候会告诉大家：

最近有新电影上映，特别好看，但你别去看；

最近有本书特别好，但你别去看；

周末有朋友约你去吃饭，进行社交活动挺好，但你最好别去了；

你之前买的好课应该听完，但最好先别听了；

你其他的学习计划，最好暂停一下……

为啥呢？我认为，以上这些事情都值得做，但一个人的精力有限，训练营中的成员必须有所放弃，才能在这一期训练营里得到最快的成长。任何时候，都有一堆事诱惑你去做。

比如，我的书《学会写作》出版后，有人邀请我去微信群做分享，有读书会邀请我去当地讲书，有行业会议邀请我去演讲，有抖音运营人员邀请我拍一些关于书的短视频，等等。

其实对于每一件事，对方都能说出一个对我有利的利益点，所以我很容易就会答应。但其实做不做某件事，要看性价比，性价比怎么看？答案是比较，比较在这个阶段，在同样的时间内，是不是有更重要的事等着你做。所以，我无情地推掉了很多分享活动。

我创业后发现，你事业越成功，越多人要找你：有空约顿饭聊聊吗？能不能去你公司拜访一下？咱们之间有机会合作吗？如果你不会做“优先排序 +say no（拒绝）”，你就会“死”于繁忙。

我希望优先排序这一战略思维能始终贯穿在我们的做事过程中，让我们避免忙忙碌碌却碌碌无为。

顶级的战略，就是不断升级战略

先学会放弃，再学会排序，这是培养战略思维最重要的两点。不过，还有超级重要的第三点：不断升级战略。这也是战略本身，甚至是顶级的战略。升级战略才是真的重视战略，把战略工作放在了足够高的位置上。

制定好一个战略，然后一劳永逸地执行，是最大的懒惰。公司的创始人一定要有战略，但即使有了战略，创始人也要继续天天想战略。竞争对手在迭代，行业竞争格局在变化，产业技术在更新，经济周期在发挥作用，你怎么能一劳永逸地使用同样的战略呢？

同样是内容行业，百度以搜索战略起家，但之后公众号其实依托的是社交战略，依托微信的去中心化社交分发，再往后今日头条崛起了，它的战略又不一样了，靠的是中心化的平台算法推荐。

一个人的一生也是一部创业史，每个人都是自己这家公司的创始人，也需要迭代自己的成长战略。如果不能持续迭代，人只能获得短时间的成长，不能持续成长。

我进入内容行业后，个人发展战略一直在迭代。2016 年，我立志做一个爆款文章编辑，能持续写 10W+ 的文章；2017 年，我立志做一个爆款课程讲师，能出爆款课程，多去 500 强企业讲课；2018 年，我立志转型做自媒体，实现从零到一的跨越；2019 年，我立志创立一家公司，从光杆司令到搭建起团队；2020 年，我立志搭建起向上生长学院的课程体系，真正做一家个人成长学院。在我所在的位置上，我每年都算做得不错，但如果不及时升级战略，我必定会沉浸在当下的喜悦中，不能持续发展、持续成长。

谈到战略，必然会有人想到执行。一经比较，一定又会冒出那个问题：战略和执行力哪个更重要？

以前我也总想不明白，因为再好的战略，若没有好的执行，结果都等于零。后来我看了傅盛的分享，扭转了这种想法。傅盛的意思大概是：一旦你认为两者同样重要，就会愿意多花时间在执行上，因为绝大多数人执行力超强，于是他们会在执行力上花越来越多的时间，但很快，他们又开始在方向的选择上犯迷糊了，最可怕的是，他们可能在一个不正确的方向上花了太多精力。

战略和执行的关系应该是什么样的呢？我认为，战略方向要浪费，战术执行要节约。

因为战略如此重要，所以你要花很多时间想方向。即使放弃了一个研究完的方向也没事，因为值得；即使研究了很多方向，最终舍弃了很多，也没事，因为也值得，这叫"战略方向要浪费"。执行，意味着只做对的事情，不允许浪费，设计战略的意义就是不让执行浪费太多资源。任何时候，资源永远稀缺。一旦确认一个破局点，就不要有任何犹豫，要把所有资源（尤其是自己的资源）投入破局点，想尽所有办法，努力到无能为力，把战略变成现实。

思考

升级思维的目的是改变行动。看完这节内容，停下来想想，自己是不是在战略上花的时间太少了，以至于一直忙忙碌碌却始终碌碌无为？你可以拿一张纸画一画未来三五年你对自己的期待是什么？要实现这些期待，做事的战略排序应该是什么样的？要把更多的时间花在哪里？哪些是你接下来要放弃的？

第四节 借势思维：框架大于勤奋，所有成长均需借势

一个人就算能力再强，力量还是小，所以在做选择时一定要学会借势。位置决定命运，你要把自己放在拥有巨大势能的位置上，借势而起。

一提到借势，我就想到那句话：站在风口上，猪也能飞起来。这句话出自小米创始人雷军，他花了 40 年吃透这句话。

2009 年 12 月 16 日晚，北京燕山酒店对面的酒廊咖啡馆里，雷军喊朋友来喝酒，毕胜、黎万强、李学凌等金山旧部和朋友都在。

当晚，雷军在伤感、挫败和矛盾的情绪中度过，一边唏嘘不已，一边一瓶接一瓶地灌下喜力啤酒。一群人越喝越多。11 点半，雷军才开口说，今天是他的 40 岁生日。聚会临近结束，大家对他说，40 岁了，总结一下。

雷军留下一句："要顺势而为，不要逆势而动。"

雷军为什么要这么说？他算是个天才，少年得志，出名很早，1998 年，他已是金山公司总经理。那时候，马化腾刚注册公司，马云还没创立阿里，

刘强东还在中关村摆摊，转眼 10 年过去了，他反倒成了那个落后的。

雷军曾经是个内心非常骄傲的人。他觉得自己是只雄鹰，不需要依赖风，不论自己做什么，随时随地都可以成功。经历过失落后，他意识到了风的重要性，他提出"飞猪理论"，就是为了时刻提醒自己：依靠个体能力，我只能达到这个点，如果想大成，就需要借助机会、环境、势能。

所以，雷军才告诉猎豹创始人傅盛："一个人要做成一件事情，其实本质上不在于你有多强，而在于你要顺势而为，于万仞之上推千钧之石。"

人的一生，框架大于勤奋

一个人的一生，框架大于勤奋。

张颖，2008 年年初创立经纬中国。十余年过去了，经纬中国投资的公司超过 430 家，成功投出陌陌、瓜子二手车、饿了么、滴滴、ofo、VIPKID 等众多明星创业公司。张颖的事业获得巨大成功，本人也早已实现财务自由。

他靠的是什么？张颖的原话是：我 30~40 岁这个阶段的弯道超车，还是要感谢中国经济腾飞带来的大背景机会、老天爷的恩赐，后面才是自己的慢热和成长。

投资人最懂框架。你要先选择一个正在崛起的大经济体，再选一个势头正好的赛道，投它的成长周期。我国正处于经济腾飞阶段，这就是一个大框架，互联网、移动互联网在中国的崛起是大框架中的重要赛道，你知道把自己的事业放在那个赛道里，就已经赢过那些麻木的人了。

所以张颖在 2019 年下半年的一天说："一些一线头部基金在 2019 年极其保守，有几家头部基金至今才有 1~3 个新项目，我也是跌破眼镜般吃惊。之前拍胸脯说的聚焦中国，怎么那么快就缩手缩脚了呢？中美贸易摩擦是常态，创业投资进入深水区已是事实，但这又怎样呢？那么大的中国市场、人口基数，那么多拼命、勤奋的创业群体，只要把投资收益作为长远一点的目标，不聚焦中国还能聚焦哪里？真搞笑。经纬适合做什么、能持续做好什么、应该聚焦哪里，我们想得非常清楚。大风与否，我们都在。'子弹'不断，投资不断，看好中国，聚焦中国。"

在每个人的职业选择中，最重要的也是框架。如果你在一个下行的行业做一个勤奋的人，就会事倍功半；而如果你在一个上升的行业，即使是一个不那么勤奋的人，也能事半功倍。

胡玮炜，"80后"，前摩拜单车创始人。2004年，她毕业于浙江大学城市学院（之前是一家三本的独立学院），此后做了十年汽车记者，先后供职于每日经济新闻、新京报、商业价值、极客公园等。

胡玮炜第一份记者工作的月薪只有3 000元，除去房租和日常开销便所剩无几。当时传统媒体已经开始走下坡路，她做了10年，月薪也才刚过万。2015年，胡玮炜创立摩拜单车公司。2018年，美团以27亿美元的作价全资收购摩拜。

这里有一个很明显的对比：

2004—2014年，10年月薪过万；

2015—2018年，3年财富自由。

其中发生了什么变化？胡玮炜干活更拼命了吗？无论她怎么拼，一天都多不过24小时吧？她也不可能在2014年发生"基因突变"成天才吧？

其实，这种变化说难很难，说简单也很简单。一个人的发展，取决于他对这个时代点、线、面、体的机会判断和选择，即把自己放在什么样的框架里。2004—2014 年这 10 年里，胡玮炜把自己放在一个传统的、发展缓慢的框架里；从 2015 年开始，她把自己放在一个时代风口式的框架里，千亿规模的投资机构都成了她的上升框架的组成部分。

一个人的出身，也是框架。

- 唯出身论是耍流氓，无视出身更是耍流氓。正视出身才是正确的做法，相信概率论才是正确的做法。
- 看清自己命运的局限性，是为了减少不必要的焦虑和痛苦，转而在合理的范围内寻求突破。
- 你说某位成功人士 30 岁前还默默无闻，30 岁后突然飞黄腾达，你觉得你也可以。可能有的人前 30 年的经历就注定他会在 30 岁后爆发，有的人前 30 年的经历可能注定他在 30 岁后差不多还是那样。人生是各种因素长年累月影响叠加的结果，人本质上不会突变，所有突变本质上都是渐变。

一个人的一生，框架大于勤奋。怎么在合理的范围内突破自己？答案当然是尽最大努力去优化那个框架。

所谓借势，就是全面优化框架

所有成长，均需借势；所谓借势，就是全面优化框架。

第一，优化城市框架，借城市资源的势。

纵观历史发展，城市化是必然，城市化是资源最高效利用的必然要求。

尽你最大的可能，跑到相对最大的城市，这是优化框架。一辆能开200公里时速的车，在泥坑烂路上一样跑不起来。我在人生的前20年做的最正确的决定，就是来北京读书，其次是毕业后决定留在北京，我把个人发展放在了北京这个资源框架上，就已经比绝大多数同龄人更有优势。

第二，优化职业框架，借产业发展的势。

2018年9月26日，海底捞上市，又一批人实现了财务自由，其中包括CFO苟轶群，他是当时海底捞所有高管中学历最高的男人。他之前是教会计的老师，本没有现在这样的机会。

他是怎么加入海底捞的呢？海底捞刚落地西安时，他去帮忙算账赚外快，结果却被海底捞吸引，直接从学校辞职，加入了海底捞。海底捞上市时他持股1.84%，这是什么概念？海底捞今天是千亿市值。

你说这算优化框架吗？对有些人来说就算。体制内的职业很好、很稳定，让人有安全感，但是如果你想获得突破性的成长，体制外的职业可能更适合你。

科技进步的速度越来越快，各行各业迭代速度很快，曾经那种一份工作做一辈子的想法靠不住了，这代年轻人可能平均2年就会换一份工作。在换工作的时候，你要看是否需要优化职业框架，优化职业框架最重要的就是选对行业。这几年，好几波产业红利让很多年轻人实现了"逆袭"，微博一波，公众号一波，直播一波，短视频一波，知识付费一波……我自己在2015年进入新媒体行业，就是一直在借内容行业一波一波迭代的势。

第三，选对公司也是优化框架，借公司资源的势。

选公司分两种，第一种是选处在行业前列的公司。

你在那里的努力，结果都会被放大。我去的第一家公司是行业排名前5的创投新媒体，我写的文章就算再差，也有两三万的阅读量，努力一把就有10W+，这就是借公司资源的势。

第二种就是选暂时还未走在行业前列，但正在快速发展的公司。

我2017年春节辞职后，有一家业界有名的在线教育公司的创始人亲自到我家附近请我吃饭，想请我去他们公司。我说我想自己创业，他列举了我加入他们后可以得到的种种发展机会，但我提出一个很尖锐的问题，我说："你们公司有3个联合创始人，你们3个是公司的核心。你们一起把公司做起来，很难让第4个人成为公司的核心，对吗？实际上也是，好几年过去了，你们一定也遇到了很多'牛人'，但公司的核心还是你们3个人。这说明，即使我进去了，也很难进入核心位置，对吗？"

要在已经打下来的江山中分你一块地，这不是不可能，但真的好难。加入一个好团队，一起打江山，一起分田地，也是很好的选择。我和我的团队创业时虽然年龄很小，但成长很快，我最初的助理一直表现很好，所以后来变成了我的合伙人。

第四，跟对老板也是优化框架，借老板扶持的势。

海底捞上市时，跟创始人一起敲钟的，还有个叫杨丽娟的人。她是海底捞的首席运营官，海底捞上市后，她身价达到几十亿，实现了财务自由。

杨丽娟是跟着张勇从服务员做起来的。她的初始条件，在很大程度上决定了她得从餐馆服务员这样的工种做起，选择不多。虽然她只能做服务员，但她也不是没得选，她可以追随更好的老板。

一旦认定一个老板值得跟，就跟住不放。一个人的发展，总是要借势才行，跟对老板也是优化框架的一个途径。

有人说："千里马常有，而伯乐不常有。"

我说："千里马跑得快，自己跑着找伯乐。"

什么意思呢？意思就是，伯乐不是自己送上门来的，而需要你主动寻找，现在这个老板不是伯乐也没关系，你要继续找，老板可以"优化"你，你也可以"优化"老板。

第五，优化社交框架，借圈子的势。

你的出身决定了你的前 20 年；你的圈子决定了你的后半生。

什么是圈子？圈子就是你的社交框架，决定了你跟什么人一起玩。

对于线下的圈子，你能做的更多的是优化，即断舍离，具体来说，就是少跟不靠谱的人深交，少跟不上进的人混，少跟没抱负的朋友聚餐。线下的圈子很难彻底改变，因为你生活在那样的环境里。

如果线下的圈子很糟糕，你该怎么办？我建议你选择线上的社交圈子。如今是移动社交时代，这是时代的红利，线上有很多优秀的圈子，你可以加入并与这些圈子建立联结，进而与这些圈子里优秀的人建立联结。我自己做了一个社群，目的就是在线上优化大家的圈层，很多三四线城市及县城的朋友可以加入这个圈子，与行业中最优秀的人一起学习和进步。

一切能让你汲取营养的，你都可以借势

古希腊哲学家阿基米德说过："给我一个支点，我就能撬起整个地球。"

这也是借势。一个会借势的人，会十倍、百倍、千倍、万倍地增强自

己的力量。真正优秀的人，会从一切能汲取营养的人身上借势。因为不管你想借某家公司、某个平台还是某个资源的势，它背后都站着一个人。你与这个人搞好了关系，就撬动了这个人拥有的资源。

你可以借别人的什么势呢？

别人的知识

最好的进步方式，是站在巨人的肩膀上进步。你可以利用别人的知识，通过买课、买书、请客讨教、花钱咨询等方式，将他们的知识为自己所用。

别人的资源

一个人的能力有限，能做的事情、能利用的资源也是有限的，所以我们得学会从他人那里借用各种资源，将这些资源为己所用。

比如你想创业，却没有资金，那么你可以去找投资人；比如你在公司上班，那么可以让老板给你买课、买书，像我们公司，员工买多少书都可以报销。

比如很多人比较聪明，经常发朋友圈问："请问有人认识×××吗？求介绍，红包奉上。"比如你去一个城市与朋友见面，就可以请朋友介绍他在当地的朋友给你认识，我发现现在比较流行这种做法，因为经常有人跟我说，你来的时候跟我说，我们一起吃顿饭，我给你介绍几个大咖。

别人的经验

你也许很聪明，但有些事你没经历过，所以对于很多事情，最好的应对方式是找有经验的人学一下。成功的经验可以供我们参考，帮助我们更快地实现目标；失败的经验可以给我们教训，避免我们踩一些不必要的坑。在做事时，自身的经验往往是不够用的，我们需要借助他人的经验。比如巴菲特的搭档查理·芒格，就经常基于他人的经验为自己列"错误清单",来防止自己做出"愚蠢的决定"。

框架大于勤奋。人的成长离不开环境,所谓借势,就是不断优化自己的框架。你生在一个地方,不意味着你必须一生在此;你父母是谁已是注定,但和什么样的人同行,你可以持续优化;三百六十行,你可以自由选择在哪一行发展,选择一行之后也不意味着你不能继续选择其他行业;你现在所在的公司不好,领导能力不行,同事不友好,都没什么好抱怨的,你可以换,世上公司千千万;线下的环境不好优化,你还可以选择线上的……一切能让你汲取营养的,你都可以借势。只有不断改变自己的人生要素框架,让框架越来越好,你的努力才能更好地发挥效用。

思考

升级思维的目的是改变行动。看完这节内容,你可以思考一下,接下来你可以优化的框架有哪些?你准备怎么做?

第五节　原动力思维：你学得了别人的勤奋，学不了别人的动机

前几章的内容基本上都围绕着选择。不同人在面对同一件事时，做出的选择可能截然不同。这背后就是一个人的原动力，原动力是最强的驱动力。

我看过媒体采访 B 站创始人陈睿的一篇文章，有一段话让我印象深刻。

2013 年，陈睿还是猎豹的合伙人，跟傅盛一起创业。有一天他们在庐山开会，陈睿跟傅盛说："我突然觉得我的成就不在于我做的产品有很多用户在用，而是有人愿意为我的产品鼓掌，即使我做的产品只有一个用户为我鼓掌，我也觉得我的努力没有白费。"

陈睿说，他在成就感方面跟傅盛不一样。傅盛喜欢赢，胜利能让他非常开心，但陈睿没那么喜欢赢。想明白自己最终想要什么后，陈睿离开猎豹，去做 B 站了。

人和人是非常不同的，这一节的内容围绕着"人和人为何不同"来展开。

你为什么无法持续努力

雷军曾经是一名程序员，他说："我有杂念，而真正一流的程序员是没有杂念的。我曾经连续 72 小时不睡觉写程序，但这有什么了不起呢？别人也可以三天三夜在麻将桌上不下来，最难的是早上 8 点开始打牌，打到 12 点，下午 1 点再开始打，打到下午 5 点，这样坚持一年。"

什么意思呢？意思是拼命干三天，90% 的人都能做到；拼命干一年，只有 10% 的人能做到。

为什么你无法持续努力？因为你没有自我驱动力。

我的公司合伙人文文最初在我的星球社群里写分享，她有一天的分享开头是："刚刚写完一条分享，发现点赞数太少了，有点小失落啊。怎么办呢？我再写一条呗！"

我一看这个开头就很开心，觉得我没选错人。这样的人一旦发现自己在某件事上不够优秀，就会难受。因为接受不了自己不够优秀的事实，他就会想各种办法，加倍努力，让自己更优秀，让自己满意。

我也是这种人。我在山村里长大，小时候如果谁游泳比我厉害，我必须想办法超过他；如果有谁打弹弓比我准，我一定要去选更标准的树杈、做更好的弹弓、捡更多的石子去练习，下次大家一起玩，我一定要打得比他准……

做课也是这样，我做写作课时，我下定决心要做得比大部分课质量好，如果做不到，我就会睡不着……

你是这样的人吗？很多人不是，比如你在一家公司的新媒体小组中工作，小组有 8 个人，如果你的成绩排在第四名之后，你都不难受、不着急，甚至觉得可以接受，那你就别问为啥别人这么牛。

大部分公司招人标准中有一条是：希望你是一个有自我驱动力的人。老板都喜欢这样的员工，因为这样的员工如果觉得自己不优秀，他自己就会着急，不用老板天天推着他走。

不比别人强他就难受，不拿第一他就难受，不更受欢迎他就难受……可见，优秀、比别人强，等等，就是这个人的刚需。这种刚需重要到什么程度呢？就跟你吃饭、呼吸一样重要，你不吃饭会饿、不呼吸会憋得慌，对那样的人来说，不优秀他就饥饿、不优秀他就憋得慌。

这就是自我驱动力的表现。

为什么我持续努力了，还是不够优秀

很多人也持续努力了，但是依然做不出足够好的成绩。

为什么呢？原因是动机不同。你学得了别人的勤奋，学不了别人的动机。

有一段时间，我听产品课，然后我就想，优秀的产品经理很多，足够努力的也很多，为什么做出好产品的产品经理那么少？为什么大多数产品最终沦为平庸之物？

我听了 2019 年张小龙的微信公开课演讲，从中找到了答案。

张小龙用了一个词，叫"原动力"。他认为，原动力其实应该是内心深处的一种认知和期望，它很强大，在它的驱动下，你可以坚持做某事，克服很多困难去做成某事。张小龙做出了微信这样美好的产品，他的原动力可以总结为以下两个。

第一，坚持做一个好的、与时俱进的工具。

团队的初心，是让微信成为一个优秀的工具。基于此，对于大多数产品经理能够容忍的东西，张小龙无法容忍。比如多数产品经理能够容忍开屏广告、系统推送营销信息、诱导用户点击链接，等等，这些张小龙都无法容忍，所以微信到现在都没有这样的东西。

如果你没有这样的原动力，为了短期的营收，你会忍不住给产品加上这些营销功能。

张小龙对工具的热爱，是属于原动力层面的。他当年甚至愿意亲自动手写代码来打造 Foxmail 这样的产品，以此满足自己的创造欲望。他一直痴迷于此。

第二，让创造者体现价值。

大家知道，微信上还有公众号，公众号是一种订阅产品。

什么是订阅产品？简单来说，就是如果你不订阅它，你就收不到它的推送。公众号的推送是可控的，只会推给需要的人，不需要的人不会被打扰。

这就是所谓的"去中心化"。中心化是平台作为一个中心，用机器算法分发流量。去中心化就是平台不管控流量，它提供一个"生态系统"，让能创造价值的人在其中提供服务，吸引需要这种服务的用户来订阅。

在传统的商业模式下，你需要在一个人流量巨大的地方租商铺、卖服务。张小龙希望利用互联网解决这个问题，让地理位置不再是决定性因素，让你能提供的价值成为决定性因素。你提供的价值越大，你的收获越多，这就是"让创造者体现价值"。

一个人做好一件事最深层次的力量是原动力。

我有一个内容团队，其中一个作者入职不久后写了一篇稿子，我给他改了 10 小时，从标题到开头，到小标题，到结尾，到配图，到观点表达和案例选取，甚至具体到每一句话的措辞。改到最后，他估计快崩溃了，但我乐此不疲。

我们都很努力，但原动力可能不同。

很多新媒体写手一天努力 8 小时，原动力是完成 KPI（Key Performance Indicators，关键绩效指标）、提高阅读量、赚奖金。

我真正的原动力是，我在一个内容极度匮乏的环境中长大，后来到了北京这样一个内容资源极其丰富的地方，然后通过优质内容进行自我改造，升级自己的认知，重塑自己的价值观，慢慢地找到了自信，找到了自我，找到了自己的热情所在，找到了事业。

张小龙曾说，做产品是一个塑造东西的过程，每天按自己的意识改一点、改一点、改一点。这样做的驱动力就是你愿意去做一个东西，让它看起来很棒、很完美。所以张小龙说，如果他是个木匠，也会是一个很好的木匠，而且他会享受他做的事情。

我愿意花 10 小时改一篇稿子，也是一样的道理。我对好内容有信仰，我坚信，You are what you read（你阅读的内容造就了你），好的内容能给你力量，影响你、引领你、改变你、重塑你，让你成为更好的自己。

内容是会影响人的，做内容的人要尊重文字。我经常跟作者们说："你写一篇文章，一发出来，就有上万人甚至十万人看到，这是一件需要警惕的事。当你有这样的权力时，你不能滥用它，要写对人有正向影响的文字，对自己写的每一句话负责。"

婴儿恒温箱这个伟大的产品，是家禽饲养员奥迪尔和医生斯蒂芬一起做出来的，其原型是奥迪尔做的小鸡孵化器，但这个产品不能算是奥迪尔发明的，而是去逛动物园的斯蒂芬发明的，因此做这款产品的原动力来自他。

这就像 QQ 一样。第一代 QQ 的每一行代码都是吴宵光写的，但人人都称马化腾是"QQ 之父"，因为 QQ 的原动力来自马化腾。

大家做着一样的事、付出一样的努力，但原动力不同，最终抵达的高度就会不同。

原动力可以升级吗

看到这里你会发现，原动力才是一个人最核心的竞争力，它定义了你的梦想和野心。一个被巨大野心驱动的人，会极度自律、昼度夜思、殚精竭虑、不知疲倦，因为他不只是想赢，而且是必须赢。

人性七宗罪，懒是一大罪。没有人不想舒舒服服的，那些能日复一日拼命工作的人，并不是因为其克服惰性的能力有多强，而是背后的原动力促使他们如此。

那么问题来了：原动力可以升级吗？当然可以。

罗永浩是大象公会创始人黄章晋的老朋友，也是其投资人。他在一次分享时说了个有意思的现象，他说黄章晋在他们朋友圈子里出了名地以"不靠谱"著称，但他创业做了大象公会后，整个人脱胎换骨了。黄章晋勤奋和投入的程度、干起活来不要命的程度，连罗永浩自己都害怕。

为什么黄章晋有这种变化？因为他努力的原动力增强了。野心变大了，要实现的目标变大了，欲望增强了，人自然就更努力了。这个原动力是怎么改变的？从黄章晋的角度来看很简单——他从一个作者变成了一个创业者，成为老板了。

为什么创业了，原动力就改变了？

你想想看，如果你是一个作者，那么你平时就喜欢跟作者比，喜欢跟作者交流；但如果你变成了创业者，你的圈子就变成了创业者的圈子，你比较的对象也变成了优秀的创业者们，动力自然就变了。

所以，要改变原动力，你就要学会给自己"升阶"："升阶"你的目标，"升阶"你的同行者，"升阶"你的社交圈层，这些"升阶"会不断强化你的原动力。

从前，我是一个新媒体小编，我的原动力就是写出 10W+ 的文章。现在，我创业了，见了越来越多的"牛人"，看他们做事，我就会不断想：哇，原来还可以这样，原来我也可以有这样的梦想。

"升阶"你的学习对象也是一条路径。

著名游戏制作人陈星汉受到斯坦利·库布里克和宫崎骏的影响，他说："真正能够改变历史、成为大师的人物，他们奉献的是一辈子。不是说退休了就不干了，他们退休了，觉得不干就没意思，70 岁、80 岁时还在干，包括黑泽明。真正在行业内做到大师级的人物，一定是非常讲究细节、执着做别人做不到的事的人，只有这样执着的人才可以改变历史。"①

我个人成长的一步步升阶，在很大程度上也遵循这种路径。我喜欢研究"牛人"的经历，从读高中起，我就喜欢买杂志，看里面关于企业家的故事。在上大学的时候，我读了很多诸如林肯、富兰克林这样的人的自

① 节选自《财经》杂志发表的文章：《陈星汉：游戏应当利用人性的闪光点而不是弱点来赚钱》，有改动。

传。在学习这些人的过程中，我经常心里一颤，头皮发麻，心想：同样是人，人家怎么就有这样的想法？

看得越多，我越会反过来问自己：我怎么就老是向往"老婆孩子热炕头"的生活？我怎么就只想着找份好工作，按部就班地养家糊口？我怎么就老想着攒钱买房？我这辈子就不能有点想法吗？

有句话说，所谓进步，就是不断发现自己过去很无知的过程。我想说，所谓成长，就是不断发现自己过去的原动力很低级的过程。如果你不断学习、努力成长，就会自我推翻，重新定义你的原动力。

思考

升级思维的目的是改变行动。看完这节内容，思考一下，你现在的工作的原动力是什么？你有没有经历过原动力的迭代？有没有可能继续迭代？

扫描二维码关注微信公众号 @ 粥左罗

回复"社群"，获取我的万人成长社群

@ 粥左罗和他的朋友们《高效成长手册》

第二章

解锁人生更优解

第一节　成本思维：一切皆有性价比，最聪明的人不只看钱

本章，我们讲讲如何更好地解题。成长无止境，永远没有最优解，只有更优解。我们先从成本思维开始讲。

为什么要讲成本思维？答案很简单，因为一切皆有成本。

你得到一样东西，必然要付出成本。如果你这辈子想得到足够多，那么你必然得是一个很会支付成本的人。所以，我们可以说，那些有所成就的人，都是成本支付高手。

什么样的人是成本支付高手？答案是最懂性价比的人。

支付的成本低，并不代表产品、服务、行为性价比高。假如我为了降低生活成本，大学毕业后从北京回到山东老家找工作，这个降低成本的行为性价比就未必高。

很多时候，你支付更多成本反而可以提高性价比，比如你买正版课程，其性价比一定比你花更少的钱买盗版课高。

所以成本思维就是：万物皆有成本，凡事皆有性价比，你要做一个成本支付高手，而不是只会省钱。那么你究竟该怎么做?

别只盯着钱看，钱是最容易蒙蔽你双眼的成本

一提到成本，很多人立马想到的就是钱。这一小节可以帮助大家打消对成本的误解，升级大家对成本的认知。钱只是成本的一种，钱不等于全部成本。若要成为一个成本支付高手，你就不能只盯着钱看。

下面讲几个应用案例场景。

场景一

我有个朋友要配眼镜，他不在公司旁边的眼镜店配，也不在小区附近的店里配，而是等到周末去潘家园眼镜城配。他省下了 200 元金钱成本，但多花了半天时间。

我想起自己做服装店店员的时候，经常遇到一些人一下子买上千元甚至更多钱的衣服。而往往这些买得多的人又是挑得最快的，他们不磨叽，结账的时候也不会软磨硬泡求打折，甚至当我们主动说扫码注册会员可以打 9.5 折时，对方竟然说不用了，直接付。

穷的时候，我以为这就是所谓的"人傻钱多"。现在我理解了，钱不是唯一成本。

记住，时间成本也是成本。

场景二

曾经我还有个困惑：既然网上有比商场丰富无数倍的服装品类，而且同

样的衣服，网上可能还有折扣，为什么很多有钱人不愿意在网上买，却喜欢在线下商店买？学了经济学后我知道了，很多人在买衣服时会故意去那些选择比较少的商场，因为选择少意味着决策成本低。

记住，决策成本也是成本。

场景三

我春节回家时，发现家里的人在省钱这件事上更有意思。我有个亲戚过年要买酒，其实酒不贵，是一箱几百块的那种，但是他要托朋友直接从厂家买，就为了省 50 块钱。

买这箱酒时，虽然他省下了 50 元，但付出了其他成本，比如情感。有个词很好，叫"人情债"。我发现很多人为了省一点钱，喜欢麻烦朋友、同事，但其实他们在省下一笔笔小钱的同时，却欠下了一笔笔人情债，欠的债是迟早要还的。你会发现，时不时地，就有同事、朋友找你帮忙，你得付出精力一个忙一个忙地帮，你不能拒绝，因为人家也帮过你，你欠着人情债呢。

小时候，我觉得那个亲戚在这方面特别厉害，有很多人愿意帮他的忙。然而，现在我尽可能避免像他那样，因为我发现这些还来还去的人情债，时间长了就循环起来了。如果你总是欠人情债，你会发现，隔三岔五地就有人找你，你要应付各种饭局，其实这些都没多少事，但加起来就会消耗你很多时间、精力、心力。现实中有很多这样的大忙人，他们忙来忙去，其实是亏的。

记住，情感成本也是成本。

场景四

2020 年 2 月底，我开始做视频号，每天花费大概 2 小时，但收益很低，做了近两个月，才收获约 1 万粉丝。如果我把每天这 2 小时用来写公众号文章，两个月下来，公众号可能涨三四万个粉丝，而且公众号粉丝现在是可以直接变现的。

但我还是坚持在视频号上投入时间，因为我认为视频号会带来下一个机会。每个人的时间都是有限的，你把时间用在 A 上，就意味着那段时间你失去了 A 以外的所有机会。而有些机会需要投入很多来换取，比如视频号这样的重量级产品，背靠微信 11 亿用户流量，如果我不去做，意味着我支付了很高的机会成本。

记住，机会成本也是成本。

有朋友和我探讨业务，他说："别人运营训练营成本都挺低的。你们给的太多了，从下一期开始，可以省点钱。"我说："这个阶段我不需要省钱，我需要多花钱、多招人、多挖人，支付更高的报酬找更好的人来拓展我们的训练营业务。现在省这点钱，我们付出的会是更高的机会成本，以及快速拓展业务的机会。"

不举更多例子了，我想告诉你：钱不是唯一的成本，时间、决策、情感、机会、信任、心情等，都是成本。

有钱不赚不是傻，考虑成本时要放眼长期价值

有钱你不赚，你是不是傻？这句话很多人都听说过，持这种观点的人往往没有成本思维。

你赚钱靠的是什么？靠的是支付成本。所以这个钱要不要赚，要看成本、回报、性价比，而这里面非常重要的是长期价值。

举两个应用案例场景。

场景一：为什么难赚的钱不要赚

罗振宇老师讲过刘润老师的一个"奇葩"故事。刘润是商业顾问，但是他给自己定了一个很"奇葩"的规矩，就是绝不到甲方那里去做销售。

为什么呢？成功的咨询公司各有各的成功，失败的咨询公司只有一种失败：客户不相信你的能力，也就是你没有声誉。

甲方会反复跟你聊：说说看，你能做什么？你比别人好在哪里？还能再便宜一点吗？你能来竞标吗？我能先付 30% 的钱吗？

这有什么问题？答案是交易成本很高。

所以刘润老师说："不管你是多优秀的企业家，只要你不愿到我的小办公室来聊，说明我的声誉还没有好到让你登门。只要不是用声誉赢来的客户，对方再有钱，也不是我真正的客户。不够强大，是我的错。我在内心对这类客户说：'请原谅我无法服务你，因为我要用这段时间，继续拼命提升自己。'"

刘润老师补充道："这不是有钱赚我不赚，而是太难赚的钱，我不赚。我这么做的目的是积累长期价值，让后面同样多的钱变得好赚。"

我经常看到一些人，他们整天发朋友圈，夸自己的社群多好，夸自己的课多好，时不时地晒别人给他转账的截图，等等，同时附上一句"想加入的私聊"。

这是什么行为？这就是在赚难赚的钱，赚不属于自己的钱。

即使钱赚到了，但因为效率极低，浪费了你很多时间，所以并不值得。你不如把那些时间用来拼命提升自己的实力，你一步一步变得强大了，就犯不着再那样高成本地推销自己。我观察了近两年，有些人天天就这样销售自己的产品，他们根本没时间提升自己的实力。两年过去了，我感觉他们并没有太多变化，还是那样。

要赚容易赚的钱。这个"容易"不是说你很容易得到，而是说你要不断努力让自己配得上。我说的"容易"，是指当你配得上赚这些钱之后，成交便很容易了，即交易成本低。

场景二：为什么送上门来的钱我不赚

2018 年，经常有客户邀请我出去讲课，一天给我 1 万元。

这是送上门来的钱，我该不该赚？这个生意对我是好是坏，不能盲目地看，我们要从成本的角度去看。

我去讲一天课，支付的成本是多少？是一天时间。

那么，这个生意是好是坏就要看当时我一天的工作值多少钱。

2018 年 3 月，我创立公众号 @ 粥左罗，当时我靠高质量的原创文章做用户增长，写一篇文章用时一天，一篇文章平均能涨粉 2 000 个。按长期的用户价值来看，就算一个用户的经济价值是 10 元，我坐在家里写文章也相当于一天能赚 2 万元，而文章本身的价值是跨越时间维度的——我去年写的文章今年还有人在看，这篇文章依然在创造价值。所以从这个角度看，在当时，1 万元一天的讲课费不值得我去赚。

还有个角度，我创业后做的第一门音频课——《粥左罗教你从零开始学写作》，6 个月的销售额为 80 万元，如果是线下讲课费，我赚同样多的钱需要 80 天。我做那门课程用了多久？答案是 50 天。而且那门音频课还会继续营收。从这个角度看，1 万元一天的讲课费，当时也不值得我去赚。

这两个角度都是从长期价值出发的，只顾眼前就容易看不清成本支付的性价比。我这种做法不值得学习，但这种做法背后的方法论值得学习。因为从成本支付的性价比来说，去年不值得做的事，今年可能就值得做了。比如去年写一篇文章平均涨粉 2 000 个，今年流量很难获取，一篇文章大概只能涨粉 500 个了。

不过，因为我把时间用来让自己更快地成长，现在我去讲课的费用已经是一天 5 万元了。所以，学习课程不是为了学案例，而是要通过案例理解方法论，透过现象了解本质。

沉没成本是不是成本不重要，学会放弃才重要

"沉没成本"，很多人都听说过这个词。

那么，沉没成本是不是成本？当然不是了。沉没成本是你已经花出去且无法再收回的成本，所以你不用再为它放弃什么，它当然也就不是成本了。这里的成本是面向未来的，而不是面向过去的。

比如你买了一门知识付费课，当你付完 199 元之后，它就沉没了，不是一元一元逐渐沉没的，而是瞬间全部沉没的。因此，沉没成本是不是成本不重要，真正重要的是它背后的两个字：放弃。

人生的艺术是取舍的艺术。取舍这两个字中，舍比取难得多。舍之所以难，就是因为我们很多时候不懂沉没成本。我们学习沉没成本，就是为了更好地"学会放弃"。

买了一门课之后，你听还是不听，取决于什么？这完全取决于它的价值。

这不取决于它是你花 199 元买的，还是花 1 999 元买的。它们的不同就是带给你的价值不同。如果你买了门 1 999 元的课，却发现根本没多少价值，你就应该果断放弃。但很多人觉得，哎呀，钱都花了，硬着头皮听完吧。

比如你在发现电影不好看之后，会马上起身离开电影院吗？大多数人

会想，来都来了，钱都花了，看完吧。

比如你文章写了一大半了，发现这个选题不行，你会放弃吗？大多数人会想，写都写了，写完发了得了。

比如你在餐厅点了很多好吃的，吃饱后还有两个菜没吃完（不好打包），你会放弃吗？大多数人会想，花这么多钱点的，不吃太浪费了，于是就算让自己撑得难受，也会再吃一些。

比如你买了一件衣服，但它其实很不适合你，穿上它会降低你的品位，你会放弃吗？大多数人会想，买都买了，至少穿个十次八次再扔吧。

对大多数人来说，明不明白沉没成本到底是不是成本根本不重要，因为即使明白了，他们也不去执行。所以，我们要尽可能地要求自己在各个方面"通过理解沉没成本学会放弃"，因为很多时候，"不想放弃"成了最高的成本。

升级了成本思维之后，你要根据它更好地做选择、判断、决策。因为万物皆有成本，凡事皆有成本。做什么、怎么做，关键要看性价比，要做成本支付高手。

思考

升级思维的目的是改变行动。看完这节内容，你对成本这个概念有了怎样的认知？成本思维可以让你在哪些事情上做得更好？你准备如何行动？

第二节　利他思维：所有伤害都是相互的，所有利他都是利己的

在这个世界上，人们靠情感维系关系，也靠利益维系关系。遇事应该采取什么样的处事原则？利他还是利己？牺牲自己还是伤害别人？有很多人讨论过这些问题，有人认为利他只不过是一种精明；有人不承认这个世界上有真正会牺牲自己、成就他人的人；也有人认为很多人通过伤害别人来成就自己。

这些说法都有一定的道理，但多数只涉及问题的一面。对于这个问题，我希望你始终记住一个词——能量守恒；我希望你始终记住一句话——力总是成对出现的。

不要伤害别人，所有伤害都是相互的

我的公众号 @ 粥左罗上投放过一条英语广告。一般对于直投的广告，广告主都不希望别人改他们的文案，因为他们给的是经过多次测试及优化

后得出的、转化率最高的文案。

但我还是坚持对那条广告做了多处改动，我删了一些内容，改了一些内容，加了一些内容。

原文案中写：参与打卡的学员中，有98%的人收到了退回的学费。

我删了这句话，因为这个数据一定有夸张的成分，很多人很难坚持完成所有的打卡活动，完成打卡活动的学员比例不可能有这么高，有百分之六七十的人能坚持学完就不错了。我自己是做训练营的，我们每期支付7万元左右的运营成本，有超过20人的兼职团队为学员提供服务，完成打卡活动的学员比例也只能达到80%。

原文案中写：仅限150个名额。

我改为：名额有限，欲报从速。因为150个名额肯定是不准确的，为什么呢？因为如果他在我这里投放广告，却只招150个学员，那他注定是赔本的，所以显然他只是为了增强紧迫感瞎写了文案。

原文案里没有"打卡需要发朋友圈"的说明，我在文章中加了3次说明，即在每次放购买二维码的时候，我就说明一次。

然后我在留言区里说："我知道有很多人讨厌在朋友圈打卡，但为了提醒大家注意，我必须说清楚，而且提及三次。不喜欢在朋友圈打卡的人，可以选择交99元，虽然这笔钱学完后不退，但这样就不用打卡了。"所以我的做事方式就是，要清楚地说明情况，让用户在知情的前提下自由选择。

我做这些事的目的就是不伤害用户。

从表面上看，这样做会稍微降低转化率，但要知道，真诚能带来信任，信任可以增加转化率。如果不做这些，那么在增加转化率的同时会伤害用户。

很多人认为，伤害就伤害了。他们之所以这么想，是因为转化率高有两个好处：

第一，我赚到了——转化率高，所以会有更多广告主在我这里投放广告；

第二，广告主赚到了——转化率高，他的投放成本就相应降低了。

但实际情况不是这样的。记住：天底下没有单方面的伤害。只关注转化率，不顾及用户感受，会产生以下两个后果。

第一，我会被伤害。用户会骂我，会对我取消关注，还会告诉别人这个公众号不值得信赖，最终会影响我的个人品牌和账号品牌。

第二，广告主会被伤害。如果用户发现被"套路"了，就会讨厌这个品牌，还会告诉别的用户不要买这个品牌的产品。

当然，这些伤害都是逐步表现出来的，因为即时表现就是转化率高，我和广告主都受益。所以，我选择做以上修改，实际上保护了我的品牌和广告主的品牌，这种做法才是长远之计。

其实，我想借这件事告诉大家：力总是成对出现的，人和人之间的伤害都是相互的。

我有个大学同学在广告公司做投放业务。在一次传播事件中，自媒体人A收了他的预付款，最后不想按照最初的写作方向写了，说那种写作方式太耗时耗力，对自己的用户也不好。

但问题是，最初A为了赚钱是这样签的合同。这时候，我的同学有三种选择：

第一，恳求A按原来的方向写；

第二，加钱让A按原来的方向写；

第三，放弃投放，预付款打水漂。

我同学试了第一种方法，结果没成功。为了顾全大局，他没有选择第三种方法，而是选择了第二种方法，他加了 50% 的钱，A 见钱眼开，收到钱之后又按原方向写了。

你看，在这件事中，A 伤害了我同学，让我同学多花了 50% 的钱，A 没有受损失，也没有受伤害。但伤害一定是相互的，如果看起来不是相互的，说明时间线还不够长。

果然，这件事结束后，我的同学对 A 的伤害开始了。你要知道，专门做广告投放的人都有自己的圈子，而且这种圈子的这些人有一定的影响力，他们能左右很多企业的广告投放走向。于是乎，A 在后面少了不少生意。

在一个公司，老板可以对员工不好，领导可以对员工不好，从表面上看，员工无法损害公司。但你等等看，等这个员工走了后，等两年后，等这个员工在这个圈子里打通了某些业务上的关键节点的时候，等这个员工说话有影响力的时候，他对公司、对老板、对领导可能就会造成伤害。

我不多举例子了，你可以自己想想身边的人和事，看看是不是这样。

罗振宇在某年的跨年演讲上说，所有事都是好事，如果不是，那还没到最后。今天我想告诉大家，但凡伤害，最终都是相互的，如果不是，那就是还没到那一步。少伤害别人，就是少伤害自己。

多做利他的事，所有利他都是利己的

讲到这里，我想问一句：大家一起做事，最影响成败的环节是赚钱，还是分钱？答案其实是分钱。

这么说不是因为分钱最重要，而是因为分钱最容易出事。这背后就是利己心态在作怪。

很多老板留不住人才，因为这个人才在公司做出了很大贡献，却没得到应有的回报。比如他为公司带来了 1 000 万元的收入，可老板连 10 万元都不愿意分给这个员工。你不"利"他，他自然就不"利"你。你辛苦培养起来的人转眼就跳槽了。聪明的人都明白，所有利他的行为都是利己的。

比如许多大佬在创业时，会先想怎么分钱。

1995 年，俞敏洪创办的新东方让自己成了千万富翁，但当时新东方的员工都是他的家人，包括他妈妈、他老婆、他姐夫，等等。俞敏洪想找更优秀的人，做更大的事业。

于是，他想到了自己大学时最佩服的徐小平和王强。当时，徐小平在加拿大混得穷困潦倒，所以直接跟俞敏洪回国了。

但王强不是，他已经获得了计算机专业硕士学位，在大名鼎鼎的美国贝尔实验室工作，当时年薪大概是 8 万美元，定居在新泽西。王强对俞敏洪有过两次试探。

第一次，王强说："你考虑好了，我回新东方，新东方是我们三个人的，如果你不答应，我坦率地告诉你，半年后我一定在你的校门对面建立一所学校，和你做一样的东西，名字叫新西方，校长叫王强。"

俞敏洪听完沉默了一会儿，然后说："那就在新东方这个名字下面做吧。"

第二次，1996 年王强回国，俞敏洪和徐小平买了束花去首都机场接他，他接到花刚坐进车里就说："老俞，今天我和小平一无所有。如果有一天我们做得比你好，你能接受吗？"

徐小平回忆说，当时车里的气氛很尴尬。

俞敏洪听完沉默了一会儿说："当然，让你们回来就是让你们成为百万富翁、千万富翁。"

王强说："好，老俞你记住今天这个话，这样我就可以一辈子跟着你了，你有这个心态就行。"[①]

俞敏洪在当时算是千万富翁，他的事业蒸蒸日上。按多数人的心态，自己拼命赚钱就好了，但俞敏洪选择主动找两个"牛人"加入，分给他们一人一部分赚大钱的业务。正是俞敏洪的这种利他心，最终成就了新东方的"三驾马车"，做出了更大的事业。

创业是如此，任何合作都是如此。

韩寒说他创作、写书时，就希望跟他合作的人不要亏，比如他的责任编辑至少要拿到奖金。他也希望大家能喜欢他的自我表达，能从头到尾看完他的作品，而不是在电影院里看一半就走了，看书看到一半就觉得不好。

在韩寒眼里，"有很多优秀的创作者其实从诞生的第一秒起就应该是商人。凡·高其实也是，只是他的画没有卖掉而已。但是优秀的创作者，第一秒就应该为市场，为自己的投资人、股东，为自己的受众，去考虑商业回报的问题，这是非常现实、简单的。"

做一款产品也是如此。

大家都知道微信是一个去中心化的生态，微信拥有 11 亿流量，但它没有主导流量的分发，而是将流量留给了创作者和创造者。当下哪个在线内

---

① 参考自苏州 CIPS 供应链管理学会发表的文章：《王强：我眼中的徐小平和俞敏洪》。

容平台最好？我认为依然是公众号。哪个在线内容平台的优质作者最多？哪个在线内容平台的原创好文最多？我认为答案都是公众号。为什么呢？因为只有公众号能让优秀的原创作者赚到更多的钱。

张小龙说，当一个平台只是追求自身商业利益最大化的时候，它是短视的、不长久的；当一个平台可以造福于人的时候，它才是有生命力的。

合作要共赢，你我都要赢，否则就别干

共赢是一种非常美好的关系，这种关系因为平衡，所以持久。在任何合作关系里，如果只有一方赢，那么这种关系必然会因为失衡而破裂。失衡是一种危险。

有两种人我挺怕的。

一种是对你太好的人。他做了各种利你的事却不求回报，又是请你吃饭，又是免费帮你，又是给你送礼物。免费的都是最贵的，他大概率后面对你有所求，那个"所求"又一般不是你轻易可以满足的，不然他犯不着这样。

另一种就是对自己太好的人。"你帮我对接一下某某企业好吗""我最近想做一门课程，你来帮我梳理一下课程大纲吧""你来给我们公司做一次讲座吧""你帮我设计一个 logo 吧"……很多人跟你并不熟悉，让你帮他做事却像理所应当一样，闭口不提他能给你什么回报。当然，我们也不是那么功利，非得要一些即时回报，而是他这种态度会让人觉得很不舒服。

最好的关系，就是能合作共赢的关系。

这应该是一种处事原则，是对自己处理大多数关系的要求。怎样算一种要求呢？答案是刻意地去做，比如你跟对方合作，即使他不主动要，你

也要主动给他利益，否则你不如不做。在一个合作里，如果只有你赢，那么这个合作必然不能持久，你要有这样的意识。

这里我想再展开说一下"合作"这两个字。

合作，并不单单指两个人做一个项目或进行业务合作。大多数关系都可以被称为合作关系，我们也应该用共赢的原则去处理这些关系，因为任何关系都讲究共生。

男女朋友之间、夫妻之间，是否存在合作关系？

当然存在，恋爱的最好状态，依然是合作共赢，彼此成就。很多爱情关系的破裂，都是因为双方不明白这一点。最初双方势均力敌，之后慢慢地，一方成为另一方的支持者，比如女性为了男性放弃自己的事业，放弃自己的爱好，全力支持男性的事业。双方都觉得这像极了爱情，实则已经埋下了隐患。将时间线拉长，最终双方势不均、力不敌，关系就失衡了。

爱情关系也是合作关系。每一方在往前走的时候，都想拉着对方一起，这才是双赢的、健康的、持久的关系。

老板和员工之间、领导和员工之间，是否存在合作关系？

一定也存在。我现在创业，招人的时候必定会谈及待遇问题。我会跟每个加入的同事说："你们到我这里工作，我要不停去想的问题就是，怎么让你赚得更多。"

为什么呢？因为你们赚得多，说明你们给我创造的价值大，也帮我赚得更多，所以，你们赚得越多，我当然越开心。假如我的员工个个都很有钱，那一天我肯定超有钱。

罗振宇最初创业时说，他必须做一个平台、找到一种模式，让平台的讲师赚到大钱。为什么呢？因为一个老师只有在这里赚到足够多的钱，才能心无旁骛地专心打磨课程，沉下心来为用户服务，后来"得到"就是这么做起来的。

很多人在做事时，会把自己的利益跟对方的利益分得很开，这是不对的。越是好事，双方的利益点就得结合越紧，你不要想着把它们分开。很多事情是相辅相成的，你不要想着把它们分开。

有一天，我和一个朋友聊天。我当年摆地摊时，他买过我的明信片，由此认识了我，并引荐我到创业邦做小编，他亲眼看着我从一个摆地摊的小贩发展到现在，赚的钱也越来越多。

这个朋友跟我聊到凌晨一点多，他说突然想问我一个很内核的问题，铺垫了好久，我说你倒是问啊。他说："我的问题是，你做这些事是因为能赚钱，还是因为你确实想创造价值来帮助、影响别人？"

嗨，我当是什么内核问题呢。我说："我分不太出来。"

他以为我是纠结，分不开。我给他解释："越相近的两个东西，才越会分不太出来。如果两个东西离得太远，就一定能分出来。所以，我觉得那两个东西特别相近，离得不远。"

什么意思呢？不管我写文章、写课程内容，还是做社群、做训练营，我做得越好。产品或服务质量越高，收获价值的用户越多，我肯定就能赚越多的钱。

你说这俩是不是挨得特别近？你非要分开它们干嘛？如果一个人能写出好文章、做出好课，你天天看文章、听课，就是不让他赚钱，你说这件事能持久吗？

综上所述，一个人想要成长得快，发展得好，一是不要伤害别人，二是要学会刻意地做利他的事。弱者互相伤害，而强者互相扶持，做彼此的成长杠杆，共生共赢。最后我想说：利他，本身也是一种自信。

思考

升级思维的目的是改变行动。看完这节内容，你是否对伤害和利他有了新的认知？欢迎分享你的思考，更欢迎分享你这方面的故事和经历。分享的过程也是反思、复盘的过程。

第三节 多维思维：为啥我比你强很多，但赚得比你少很多

世界不是一维的，而是多维的。多维思维既是我们理解世界的方式，也是我们解决问题的工具，更是有效竞争的利器。多维思维有多重要，又多么有待科普，我讲几个常见的聊天场景你就明白了。

我在农村老家经常听到有乡亲这么说："小时候你也不爱说话、不会喊人，怎么现在这么厉害呢？"

你会听到一些人（包括学校老师）这么说："××上学的时候成绩很差，现在怎么这么厉害？ ××学习这么好，有研究生学历，怎么还没××过得好？"

看完《创造101》，很多人大骂："×××唱歌、跳舞表现这么差，凭什么得头几名？"

职场里，不少人会这样问："我的业务水平比他高多了，为啥升职加薪的不是我？"

不少人也问过我："能写出好文章的作者这么多，为什么你发展得更好？"

提问者之所以提出这些问题，大概是因为他们没有多维思维，总是从单一维度看问题，尤其这个维度看起来似乎是决定成败的关键。

80% 以上的人并没有足够强的多维思维，为什么？因为小学 6 年、初中 3 年、高中 3 年，在你成长过程中这非常重要的 12 年，你都在被单一维度塑造着，这个维度就是分数。

一个同学特别擅长处理人际关系、组织活动、协调资源、团结同学，性格特别坚韧，等等，这些能力或特质都至关重要，但常常被忽视。

在这 12 年中，我们都在比较分数。但当你走上社会之后，谁会在乎你那 12 年拿了多少分数呢？可悲的是，很多人毕业后走向社会，工作几年后，还是采用单维思维，从单一维度看问题，俗称"一根筋"。

如果你只记本节内容中的一句话，那必定是：多维思维是一种竞争思维，人比拼的，永远是综合能力。

看到这句话，很多人以为自己明白了，其实没有。"砸开"这句话，里面还有很多东西。

每多一维，甩开一片

多维竞争是如何奏效的？竞争是多维的，你每多一维，就能甩开一片竞争者。

在整个新媒体圈中，会写爆款文章的人太多了。那么多 10W+、100W+ 爆文的作者，如果只和这些人比较这一个维度，那么我没有太强的竞争力。怎么办呢？答案是多加维度。

和我一样会写爆款文章的人很多，但是愿意像我一样从中提炼方法论的人就一下子变少了。

在那些能提炼方法论的人中，有相当一部分人不敢挑战上讲台或面对成百上千人讲课，有的人一上台就紧张得腿发软。

很多老师将课程打磨得很好，但不会写推广软文。我之前的课程广告出现在全网的很多渠道，因为公司愿意花钱推广，为什么？因为我软文写得好。软文写得好，转化率就高；软文写得好，大部分自媒体账号就愿意接我的课程软广；因为不会给对方的账号造成很大伤害，且软文转化率高，所以很多账号甚至可以接受分成推广的方式。所以课程打磨得很好但软文写得不如我的老师，在推广上都比不过我。很多老师课程打磨得很好，软文也写得好，但没有自己做"流量"的能力。我自己独立做起来两个公众号，拥有超过 76 万粉丝，加上这个维度，我又甩开一大片人。

这就是多维竞争。

多维竞争不要求你在每个维度上都很厉害，但你得愿意、也敢去拓展维度。比如了解我的人都知道，我是个很内向、很容易紧张的人，之前我微信聊天时都不敢发语音，更别说让我上台讲课了，但我愿意拓展这个维度。我第一次讲线下课之前，看了网上很多演讲视频，还买了很多演讲课程去听，在家里对着墙练习了很久。我练习讲段子，练习呼吸，练习怎么让自己装作很放松的样子，我到现在也没练到完美的程度，但我敢站上讲台。甚至，我还做了很多场视频直播。最初我一听要让我做视频直播，我都会紧张得冒汗，但我还是去做了，这就是拓展维度。我做了很多失败的直播，但如果不去拓展，那么我连失败的机会都没有。到今天，我已经可以很自如地做视频直播了。

我在线下讲课时，"颜值"不高，普通话也不标准，临场反应也不快，那我要拓展什么维度呢？想来想去，我决定干脆放下一切，做个最没包袱、最不装、最真诚的老师。我是什么样就呈现什么样，所以学生觉得我很真诚、很接地气，他们觉得跟我没距离。有次线下课，有个学生在群里给我总结了八个字：凡人形象，大师品格。其他学生说总结得太好了。总之，你总可以找到一个属于你的维度。

我们在做写作训练营时，发现很难招到可以独立运营社群的运营官。

一个运营官需要会写作、懂运营、懂策划、会管理，要擅长处理人际关系、擅长处理用户投诉、擅长活跃社群气氛、擅长进行社群内危机公关……

有的人会写作，但不懂运营；有的人懂运营，但没办法带人；有的人能力很强，但情绪不稳定；有的人擅长活跃气氛，但在处理具体的人际关系时非常生硬……这样的人很难成为优秀的训练营运营官。

其实不管做什么，都是一种综合性竞争、多维度的竞争。你的眼光好，你的判断力强，你的商业敏感度高，你对项目的把控力强，等等，这些都是很重要的维度，很多维度并不表现为肉眼可见的硬技能，因此很容易被人忽略。

先"精"一维，再去拓展

一个人在单一维度上做到顶尖，很难，或者即便做到了，也未必有很强的竞争力，所以要具备多维竞争的优势。但是，在多维竞争中获胜的一个前提是：你在某一个维度上足够强。

在某个单一维度上，你要做到比百分之七八十的人强，然后再去拓展其他维度，让其他维度服务于你那个很强的维度，使其更强，这样的多维竞争才行得通。如果你一味地追求成为"斜杠青年"，最后只会是"样样行，样样松"，所有维度的能力合起来也未必有很强的竞争力。

在如今这个网络时代，大家在本职工作之外有很多赚外快的机会，这可能是"斜杠青年"流行的原因。

比如一个人除核心技能之外，可能还会教人写作，教别人演讲，帮人做 PPT，帮人设计图片，帮人设计课程，帮人主持会议，等等。

如果你的核心技能一般，其他技能就只能作为一个赚外快的能力形式存在，它们并不会形成组合优势。如果你的核心技能很强，其他技能和核心技能就会形成很强的组合优势。

比如，你是个很厉害的程序员，同时又很会写作。这两个技能加起来，会让你成为技术领域的"大 V"，极大地提高你在这个行业的影响力，之后各种资源和机会都会找到你。

比如，你是个能力很强的销售员，同时又精通课程体系设计。将这两个技能加起来，你就会成为很强的销售课讲师，而不仅仅是销售员。

比如，你很会唱歌，同时又很懂营销。在这个时代，你至少很容易成为抖音上的网红，因为会唱歌的人很多，既会唱歌又会营销的人却很少。

我最初非常专注于研究新媒体爆文，整整一年死磕这一个维度。在这个维度上，我比 80% 的人强之后，我开始拓展其他维度——打磨课程的能力、公开演讲的能力、打造个人品牌的能力、产品能力、商业化能力，所以我从一个单纯的写手进化成知名讲师，又进化成创业者、做老板。现在我要拓展的维度是团队能力、管理能力，这样我才能比大多数自媒体创业者更有竞争力。

先"精"一维，再去拓展，循序渐进，持续迭代，在一个阶段做那个阶段最重要的事。

任何事情，多维看待

多维思维，不仅仅在规划自己的竞争力时非常有用。它本身作为一种思维方式，在时刻提醒你，世间万物都是多维的，你看待任何事情时都应该尝试从多维度去看，凡事要比别人多想几个维度，这是思考力的来源，是训练思维的好方法。

比如，你如何看待财富？

很多人活得挺痛苦的，因为他们喜欢比较。只要一比较，你就一定能从身边人中找到比自己赚得多的，你就不可避免地会不开心。可是，你只要活在这个社会上，就没办法不比较。就算你不想比较，也会不得不比较。

大部分人跟同学、朋友比较的都是财富，比如比较月薪多少。这种比较是大错特错的，只看月薪怎么能行，甚至看存款也不行，因为一个人的财富构成是非常多维的。

健康是财富吧。

我爸是农民工，在我大学毕业前，他在一家民营小铁厂干活，上的是夜班，白天睡大觉，因为晚上的电费比白天便宜太多。我之前一直劝他，我说："别的不管，你换个白天的工作，哪怕一个月少赚 2 000 元。长期上夜班是在透支身体，这次下的债以后是要还的。"我爸月薪 8 000 元，就一定比月薪 6 000 元的农民工赚得多吗？只看月薪是，但加上健康财富，就不一定了吧。

我爸跟着一个包工头干活，这个包工头一个月赚的钱是我爸的两倍多。如果这样比，我爸肯定不开心，但我们说了，财富不只有一个维度啊。我也是我爸的财富啊，我爸可以跟那个包工头比儿子啊。我爸的儿子——也就是我，"211"大学毕业，创业做老板，结婚、买房、买车都不用他掏一分钱。加上这个维度，我爸就很富有了。

下面继续说财富的多维性。

我朋友有一次说："粥左罗你现在厉害了，一个月赚那么多，是我们的好多倍。你这么有钱，请我们吃人均1 000元的大餐，怎么样？"我相信他除了玩笑，也是真的羡慕我赚得多，但这依然是在单维度上比较财富。

我现在加一个维度——爸妈。

我爸妈都是农民工，没有社保，没有退休金，现在基本上都赚不动钱了。我爸说他年轻时身体透支了太多，把这辈子的力气都用光了，干不了重活了。当然，我也不需要他干，所以我得努力赚钱养他们。同时我在创业，未来收入是不可预期的、不稳定的。

我那个朋友的爸妈都是大学教授，职称还比较高，他们有两套大房子，而且每个月还在赚钱，将来退休后，依然月月可以领较高的退休金，领几十年，这些是可预期的、稳定的。

所以，加上这个维度，我们的财富又不一样了吧。

再比如A、B、C、D都有1 000万元，A把钱投在了一线城市的房产上，B用钱买了几家大的互联网公司的股票，C用全部的钱买了理财产品，D把钱都存在银行。5年或10年后，4个人的财富注定完全不同，你可以想一下。

E、F都有1 000万元，E把钱投在了一线城市的房产上，F在三线城市投资了商铺。5年或10年后，2个人的财富也注定完全不同，你也可以想一下。

因此，财富的维度非常多，你要清楚地看自己的财富和别人的财富。

为了让大家开阔思路，我再给你举个例子，说明如何用多维思维看问题。

我之前喜欢蹦床，体验过两家蹦床馆。这两家位置相近，价格相近。论场地面积，第二家赢；论设备体验，还是第二家赢。但我经过多次实地调研发现，从用户规模和收入角度来看，反而是第一家更好。这是怎么回事呢？

在核心服务上，第二家赢。但在非核心服务上，第一家甩开第二家一条街。

第二家虽然场地更大，但没有合理利用，只是围绕着它的核心服务布置场地。而第一家从场地的一边往中间延伸四分之一的长度，搭建了个二层看台区。如果父母是陪孩子来玩的，他们可以选择不买票，只要站在二层看台区，就可以清楚地看到整个场地，同时这里很方便拍照、录视频。

第二家除了核心服务，外加卖水，基本上没有配套产品或服务。而第一家用很少的空间把吃喝玩乐相关产品和服务都给配上了——看台区旁边大概有6张桌子供大家用餐；除了卖各种饮料，还卖鲜榨西瓜汁，以及烤肠、鸡米花、炸薯条、小比萨等零食；另外还有4台夹娃娃机。你不可能一直蹦床，你累了休息的时候，就会有大量的多余注意力。注意力在某种程度上就是钱，这些配套的东西就是用来赚这些钱的。

如果你在第二家玩，累了就只能在场地里坐着玩手机。你玩手机多了，手机就容易没电，而且在这种地方玩，拍照、录视频也是刚需，手机很快会没电。第一家放置了充电宝自动租赁柜子，而第二家没有。这样一来，第一家就能更好地满足客户的需求。

蹦床这类活动，大部分人都不会经常玩，只是偶尔来玩。大家都知道，你平时不运动的话，随便运动两小时肌肉就会很酸。对此，第一家放置了4台自动按摩椅，客户扫码付费即可享受服务，而第二家也没有。

来这里玩的，超过一半的情况是父母带孩子来玩，而且经常有约着一起来玩的家庭。对此,第一家专门腾出两个小房间,用来承接小型派对,有些家长喜欢在这里给孩子过生日,邀请孩子的同学、朋友一起玩。而第二家也没有这类服务。

所以,凡有竞争,必然多维。你在核心能力上与别人差距不太大的时候,一定要尝试拓展维度。你每个维度比别人多一点竞争力,加起来就会变成很大的竞争力。看完本节内容后,希望你能用多维思维看待世间万物,能用多维的能力培养并提升自己的竞争力。

思考

升级思维的目的是改变行动。请你试着用多维思维解释一个"通过多维竞争胜出"的案例,这个案例可以与一个人、一件事、一个产品、一家店,或者一家公司有关,你也可以讲讲你接下来将如何用多维思维升级自己的竞争力。

第四节 专注思维：只有专注，才能同时做好很多事

专注和兼顾都是很好的解题思路，各有优势。但好像这两者又互相冲突，专注了就没法兼顾，兼顾了就没法专注，我们应该怎么办？你有没有想过，这两者竟然应该是在一起的？"专注思维"，当我提到这个词的时候，你会想到什么？

你可能会想到一些词，比如：极致、专业、工匠精神。你也可能会想到一些句子，比如：一辈子做好一件事就够了；专注于一件事的人最有魅力；将一件事做到极致，胜过做千万件平庸的事。总之，它要求你把时间和精力尽可能地倾注到一件事上。

我要讲的刚好相反，我希望你能通过专注练就一个本事，同时兼顾很多事。下面进行具体分析。

你的时间有限，做好任何事都需要专注

我在公众号 @粥左罗上写过一篇关于"通过副业赚钱"的文章，里面

写道："只有主业很牛的人，才应该出来做副业。很多朋友主业半瓶子醋，就开始搞副业。你不是天才，兼顾不好。所以最终的结果就是，主业被耽误了，副业也没赚多少钱。"

做成任何事，都需要专注。我在每一期写作训练营开营分享的最后，都会给所有学员一个建议：能在一段时间内做好一件事，你就很优秀了，所以你的读书计划、减肥计划、PPT 精进计划、Vlog 学习计划等，都可以先暂停一下。

为什么呢？你的时间、精力有限，如果你每天啥都做，最后啥都搞不定，不仅弄不好，还让自己怀疑自己、怀疑人生：我咋啥都干不成？

2015 年 8 月，我开始做新媒体编辑，为了把这份工作干好，我想到最有效也最简单的办法就是尽可能把所有的时间都奉献给这份工作。

当时，我正在看一些好书，我暂停了；我在学习 PPT、Excel 相关的技能，我暂停了；我热衷于看电影，我暂停了；我特别喜欢玩滑板，我暂停了；周末我经常和一些朋友聚会，我暂停了；我与同行时不时地聚餐交流，我暂停了；旅行，我暂停了；陪女朋友逛街，我暂停了……

是的，我把所有时间都奉献给了这份新媒体工作。当时对我来说什么叫"专注"？"专注"就是，一切对这份工作没有帮助的事情，全都暂停。

看好书对我整个人有帮助，但短时间内不会对我的工作有直接的帮助；PPT、Excel 相关的技能是很重要的职场技能，但对我的工作暂时没有帮助；玩滑板可以让我保持身体健康，但短时间内我的身体可以让我保持高效工作状态；旅行可以让生活更美好，但对我这份工作的直接帮助不大……

这些事情都很有意义，但抱歉，它们都对我快速做好这份工作没有太多帮助，所以我全都暂停，这就是"专注"。这样的结果就是，我一个月的进步可能抵得上跟我同等聪明的人三个月的进步，我一年的进步抵得上别人三年的进步，所以我只用了半年就从编辑晋升为新媒体运营经理，只用了一年半就获得了内容副总裁的职位。

这就是专注的力量。

但是，我特别讨厌"一辈子只做好一件事"这种思维。为什么？我们接着往下看。

你的发展速度，取决于你能同时做好多少事

一提到专注，我总能想起我看过的一部日本纪录片——《寿司之神》。第一次看这部纪录片的时候，我还在读大一，看完后我感到很震撼，满脑子都在想：我也必须找到那件我可以做一辈子的事，一生只做好这一件事。如今 10 年过去了，我不再坚持这种信念。

纪录片里有一段这样的描述：刚来店里的学徒要先学习拧烫手的毛巾。训练非常辛苦，不会拧毛巾的人就不可能碰鱼。经过反反复复、年复一年的练习，学徒才有可能使用刀和料理鱼。再过 10 年，方可开始煎蛋。

我认为，这可以作为一种精神激励大众，但不适宜当作一种方法论推广给大家。因为，这是在造神，而神注定不会太多。

做一件事，你可以用 2 年的时间从 0 分做到 90 分，有必要再花 20 年的时间提高两三分吗？有必要用余生之力再提五六七八分吗？从造神的角度，这些很有必要，那就将这些事交给一小部分人来做就行。

对于大众来说，最值得借鉴的只有前半部分，即在 2 年的时间里足够

专注，从 0 分做到 90 分。

做到 90 分，然后呢？我建议你去做其他事情。为什么？因为你的发展速度取决于你能同时做好多少件事。

很多新媒体作者每个月就写七八篇文章，不做其他的事。为什么我成立了公司，他们没有？为什么我赚得多，他们赚得少？因为我们每天的时间是一样的，在同样的时间里，我要兼顾写原创文章、做写作训练营、准备新课程、运营知识星球社群、宣传新书，还要管理团队、拓展业务等。

如果我只能写好文章，别的事顾不过来，那么我只能是一个作者。我能走到今天，比大部分人发展得好，一个很大的原因就是我可以同时兼顾做好很多事情。

很多"牛人"都有这样的能力。比如有一个特别厉害的投资人叫沈南鹏，要参加一个需要上台演讲的活动，他只需提前 5 分钟到，坐下来临时写一个提纲，马上上去讲半个小时，下台之后他马上赶往另一个会场，还可以继续讲新的内容，而且并不耽误结束活动后跟同事开会过项目。

之前有篇关于扎克伯格的文章很受欢迎，其主要观点就是：你做事的速度，决定了你的人生高度。那么问题来了：

我到底应该专注于一件事呢，还是要同时兼顾很多事？这两者不是矛盾的吗？请你接着往下看。

专注成就效率，让你能同时做好很多事

提到瓜子二手车，你会想到什么？很多人都会记得那句：没有中间商赚差价。

这句品牌口号会在很多人脑子里自动蹦出来。这样的品牌效果，离不

开铺天盖地的广告宣传，而之所以做铺天盖地的广告宣传，是因为瓜子二手车信奉"沸水效应"。

瓜子二手车 CEO 杨浩涌认为，他们的品牌营销策略叫"沸水效应"：如果水没烧到 100℃，烧到 95℃ 就是浪费。为什么说是浪费？因为如果只烧到 95℃，只要不继续烧下去，热量就会减少；但是如果烧到 100℃，水开了的时候，只要维持小火不断，就能一直保证水是沸腾的，用户对品牌的认知也是同样的道理。

注意思考，这段话背后有两层意思：

第一，一开始你要专注，这样才能把一锅水烧沸；

第二，水烧沸后，只要维持小火，水就能维持沸腾。

其实这就是专注带来的效果。

我在 2015 年开始写新媒体爆文，由于极其专注，只用了一年时间，我就把这锅水烧沸了，于是我每天只需要花很少的时间就能把工作做好，即开小火维持水的沸腾状态。

这样，我每天就空出了很多时间，然后我开始做副业——讲课。因为有大量的时间，同时做副业时也极其专注，我副业也做得很成功。

这就是利用"专注 + 沸水效应"，同时把两件事都做得很成功的例子。

有段时间我在减肥，大家知道减肥挺烦人的，会消耗时间和精力，我用了一个什么办法呢？方法依然是专注。我给自己定了一个 21 天的计划，在这 21 天里，在不影响正常工作的前提下，尽可能快地完成这件事。事实是，我健身、骑车、顿顿吃健康餐，只用了两周时间就把大肚子上多余的脂肪给减掉了。

其中一个周末，我两天骑车骑了 170 公里。跟我一起骑车的朋友说："你不是很忙、没时间吗，怎么还有两天时间出来骑车？"

我用沸水效应给他解释，我说："我就是因为太忙，没时间天天想着减肥，那太浪费时间了。我给自己定了一段周期，在这个周期内增加每天减肥的投入时间，快速完成减肥计划。在之后的日子，我要做的事就简单多了，只需要'小火'维持即可。我减肥的基本原理就是，假设减去 1 公斤脂肪需要消耗 7 700 卡路里[①]的热量，人的身体每天大概消耗 2 000 卡路里的热量，我在一个周期内通过每天做大量的运动和吃低卡餐[②]，让肚子上的脂肪快速消耗，这就相当于这锅水烧沸了。在之后的日子，我只需要保持每天摄入不超过 2 000 卡路里的热量，就不会再变胖了。这其实就很简单了，几乎不再花费我的时间和精力了。"

在我毕业后 5 年里，我的发展速度一直算同龄人中很快的，这其实就有赖于我这种做事模式。还有个很好的短语可用来形容这种做事模式，叫"各个击破，分化瓦解"。

最后总结一下，专注最大的秘诀在于学会放弃，因为专注是集中力量办大事，但专注的最终目的不是只做一件事，而是提高效率后能同时做好更多的事。

思考

升级思维的目的是改变行动。迭代了专注思维之后，你接下来最想优化的行动是什么？

---

① 卡路里，简称卡，缩写为 cal，能量单位。其定义为在 1 个大气压下，将 1 克水提升 1℃所需的热量。——编者注

② 低卡餐：含热量低的餐食，一般用于减肥、减脂。——编者注

第五节 变量思维：在同体量竞争中，能找到变量的人赢

人生是一场解题之旅，在解每一道题时，你都要有更多的资源，才能把题解得更好，而资源总是有限的，所以，一群人的解题之旅，就是这群人互相竞争之旅。本节内容的核心就是一种变量竞争策略，高手都热爱竞争，主动拥抱竞争。

我一直说用商业的眼光看个人成长，商业最有魅力的特点是什么？我认为是变化。

永远有新入局者搅动现有格局，现有格局里的每一个竞争者也从来不想保持现状，每一个都试图做点事情，从而让自己往前排走，挑战最大的既得利益者，商业因此而精彩。一成不变的东西最没有生命力，商业发展如此，个人发展也是如此。

变化靠什么推动？答案是变量。

变量服务于少数人，即最早发掘它的那批人。一旦所有人都开始关注

变量了，它的变化红利就基本上被瓜分得差不多了，这就是为什么说"能找到变量的人赢"。越是被看得见的变化，越不是致命的变化；越是能被看得到的对手，就越不是真正的危险。

在常量竞争中，能找到变量的人赢

2015 年，在西班牙举行的一场自行车比赛上，车手伊斯梅尔·埃斯特万在距离终点只有 300 米时不幸遭遇爆胎，但他并未放弃比赛，而是扛着赛车冲向终点。他身后的竞争对手纳瓦罗本可轻松超过他赢得铜牌，但他拒绝这么做，而是主动减速跟随其后完成比赛，从而错失铜牌，当两人抵达终点时，观众爆发出热烈的掌声。

后来，埃斯特万想把奖牌送给纳瓦罗，但遭到了婉拒。纳瓦罗表示自己不想在快到终点时靠超越一个爆胎的对手取胜，这样是不道德的。这段故事被广泛传播和歌颂，体现了可贵的体育精神。

我毕业于北京体育大学，有很多奥运冠军、世界冠军常年在我们学校训练。我一直认为，体育是最注重公平的竞争行为，比如打 MMA（Mixed Martial Arts，综合格斗）比赛，草量级选手张伟丽就跟草量级的对手比。

我们在职场里、商业环境中只有成败一说，没有绝对公平可言。别人扛着自行车用双腿跑，你骑着自行车等别人，这不再是美德或体育精神的体现，你加速超越才是成功的，甚至你找辆摩托车冲向终点才是成功的。

这种"不绝对公平"也是商业的魅力所在。常量竞争非常艰苦，引入变量参与竞争才是聪明的做法。

我们做自媒体时，主要靠写文章涨粉，但在"一条"公众号创立之初，徐沪生 15 天砸钱投广点通就让账号有了 100 万粉丝。

这就是在常量竞争的同时找到变量。

从常量竞争中找到变量之后，你就可以不跟竞争对手比常量了。

我做新媒体编辑时，我们一帮人比的是谁一个月里写出的 10W+ 文章最多，比到最后其实是差不多的，因为大家的写作技巧、工作量都趋同，无非就是谁更拼命一点。我当时确实属于最拼命的——下班不休息，周末不休息，不是在写稿就是在做选题，不是在写热点就是在找热点。

在一年半的时间里，日复一日地这么走过来，我确实成了业内小有名气的新媒体编辑。但是，我没有真正胜出，我还是要一篇一篇累死累活地写稿子。直到有一天，我不跟大家比了，我去做讲师了，这才算胜出了。

当我做讲师时，我和其他讲师比的是谁的课程好、谁的体力旺盛、谁更受培训机构和学员喜欢。可是有一天，我突然不用跟他们比了，我自己创建了一个自媒体账号，我有自己的流量了。在知识服务行业里，有很多讲得不错的老师，可是他们没有自己的流量，只能靠平台工作。他们不能很好地掌控自己的前途，因为他们没有足够的话语权。

这就是在常量竞争的同时找到变量，从而胜出的成长过程。

如果只盯着常量，就永远找不到变量

变量思维的本质是一种竞争策略。多数人害怕竞争，因为竞争意味着抢夺，抢夺是一种让人不舒适的状态。但真正实现爆发式成长的人，都是从最残酷的竞争中走出来的。这还不是最重要的，最重要的是，竞争可以极大地激发人的斗志。

淘宝第一主播薇娅，虽然从 2017 年开始就创造了很多"第一"，但她也是通过竞争，才坐稳了淘宝第一主播的位置。她从 2018 年开始，每个月 26

日的直播排位赛一场一场打下来，到 2019 年才稳坐淘宝第一主播的位置，这就是竞争对人斗志的激发。

2019 年稳坐淘宝第一主播的位置了，但她对待排位赛的态度依然是"紧张到手出汗"，为什么？因为 2019 年突然出现一个强有力的竞争者——李佳琦。薇娅说，她怕李佳琦，也感谢李佳琦，因为李佳琦激发了她更强的斗志。

问题来了，李佳琦是如何异军突起和薇娅竞争的？答案是，李佳琦找到了变量。

如何寻找变量呢？如果只盯着常量，就永远找不到变量，你得把目光挪一挪。

薇娅和李佳琦都做淘宝直播，当时，薇娅在淘宝直播已经是绝对头部的主播了，李佳琦如果去追薇娅，拼命在淘宝直播领域竞争，就是常量竞争，很难追上。

2018 年 12 月，淘宝直播负责人赵圆圆被李佳琦的老板邀请到公司，帮忙想想李佳琦应该从哪里突围。结论就是，李佳琦的定位应该是"全域网红"，从淘宝外圈粉，扩大影响力，再把粉丝带到淘宝直播里变现。

根据这个竞争策略，李佳琦成功地找到了一个变量——抖音。

李佳琦开始高频发抖音视频是在 2018 年 12 月 23 日。到 2019 年"双十一"，李佳琦的抖音账号粉丝数超过 3 400 万，许多明星都出现在了李佳琦的抖音视频里。

这个变量的效果怎么样呢？2018 年"双十一"，李佳琦的淘宝直播粉丝数不到 100 万；2019 年"双十一"，李佳琦的淘宝直播粉丝数超过 1 000 万，一年翻了超过 10 倍。

薇娅呢？截至 2019 年"双十一"，抖音账号粉丝数约为 225 万，主战场淘宝直播粉丝数约为 967 万，薇娅被李佳琦超过了。

薇娅说："我要感谢佳琦（和我的竞争），他真的给淘宝直播带来很多流量，这几个月我也涨了一两百万粉丝。他对我也有启发，就是对外部流量的使用。"

薇娅也开始"出圈"[①]，上综艺、请明星进直播间、连线金·卡戴珊。2019 年"双十一"期间，我发现薇娅也在李佳琦还没有重视的变量——公众号上发力。我是一个内容从业者，每天翻上百个账号，翻很多文章看。我发现 2019 年整个 10 月、11 月，大量标题中带"李佳琦""直播""带货""网红"这样的关键词的文章底部，薇娅都投放了广点通，当时薇娅的公众号头条阅读量基本上都能到 10W+，李佳琦的公众号头条阅读量则是在 1 万左右。

所以，竞争就是不断寻找变量的过程，而在寻找变量时，一定不能盯着常量，要去开辟新战场。

关于这两年爆红的博主，还有一个不得不提，就是李子柒。

李子柒也是"全域网红"，截至 2019 年 11 月，她微博账号粉丝数约为 2 006 万，抖音账号粉丝数约为 2 900 万，B 站账号粉丝数约为 236 万，公众号图文基本上篇篇 10W+。

问题来了：在这些平台，用户增长到一定程度也会遇到瓶颈，竞争也会加剧，那怎么办？还能有什么变量？李子柒抓住了一个很多网红都忽视了的变量——"出海"，获取全球影响力。

---

① 网络用语，指某个明星、某个事件的走红热度不仅在自己固定粉丝圈中传播，而是被更多圈子外的人知晓。——编者注

李子柒的团队很早就布局了 YouTube。截至 2019 年 11 月，李子柒 YouTube 账号的订阅量高达 715 万，单条视频的播放量高达七八百万，总播放量超过 3 亿。根据 2019 年 8 月的数据，李子柒的账号是 YouTube 中国区粉丝数排名第二的账号，一年广告联盟收入超过 4 000 万。

李佳琦、薇娅、李子柒，他们寻找变量的方式都可以算是"同维度竞争，发掘新战场"。

第二种寻找变量的方式是：找到新战场，重新选择竞争对手。

竞争不是目的，真正的目的是自我成长，纵情向前。你通过变量重新选择竞争对手，同时甩掉原竞争对手，也是非常好的方式。在个人成长上，很多人都用这种方式。

我从一个新媒体编辑成长为一个新媒体讲师，实际上就是我通过不跟新媒体编辑竞争的方式甩掉了他们，因为我"升维"了。我从一个职业新媒体讲师成长为一个创业者，组建团队，运营公司，实际上也用的是这种方式，即找到变量，升维竞争。

第三种寻找变量的方式是：拓展品类，重新定义竞争方式。

这里又分两种玩法，我拿我的业务来给你解释。我有一项业务是教写作。

第一种玩法是，大家都教写作，教学方式是出音频课，咱们比谁的音频课质量更好，付费人数更多。这是一场常量竞争，这样竞争很累。那我就重新定义竞争方式——你出音频课，我也出音频课，在此基础上，我还出写作的书，开展写作训练营活动，运营写作社群，我用四个品类打你一个。

第二种玩法是，大家都教写作，我出了四个写作产品，你发现这招好用，你也都一一模仿了，我们又变成常量竞争了，这样又很累。我再重新定义竞争方式——我拓展大品类，在写作课的基础上出思维课、读书课、沟通课、学习课，用这样的方式叠加势能跟你竞争，这样就根本不怕你了。

所以，个人的发展也是不断寻找变量的过程，而且我说了，这个变量最有效的时候，一定是你先找到并且先玩起来的时候。因此，对于寻找变量这件事，你应该是"永远在路上"。

这些不是纸上谈兵的空想理论，每一个我都在实践，证明它们都是行之有效的，我希望所有思维都能落在行动上。

给成长留出培育变量的时间

有一次堵车，我和一个滴滴司机聊了 1 小时，他月薪 6 000 元，但真正让他焦虑的不是月薪 6 000 元，而是再过两三年，他大概率还是这样。

为什么呢？他每天早上 7 点出来接单，晚上 11 点回家，一天工作十几个小时，一个月休息三四天。这份工作可能会让人绝望，因为他在工作和生活里没有时间去培育变量，再过两三年，他还是只会开车，实际上他已经开车七八年了。

大家不要觉得这是别人的故事，实际上我们大多数人，在某种程度上都是这个滴滴司机。

我们每天忙得要死，早上 8 点多出门，晚上 10 点多回家，累得洗漱完倒头就睡，明天又这样重复一天，后天又这样重复一天……日复一日沉浸在每天的忙碌中，甚至周末都是如此，忙到连认真读几篇好文章的时间都没有，忙到连听 1 小时课的时间都没有，忙到想在周末精进一下某项能力、某项技能的时间都没有，这样的我们跟一天开十几小时车的滴滴司机有什么区别？

这就是为什么大多数人两三年过去，基本上没有什么成长。

废掉一个人最隐蔽的方式，是让他忙到没时间成长。要想持续成长，就要始终给自己留出培育变量的时间。

我之前的一个助理经常加班到很晚，周末也来公司干活。我对他说："你一定要控制好自己的工作节奏，不用推进得太猛，每天早点下班，周末也不用这么拼。你空出来的时间，除了用于休息，还可以用来自我成长。比如，你的工作需要写东西，那么你必须保证每天能拿出固定的时间学习、阅读、听课，甚至要将这些事变成强制性学习任务，让它们变得跟你的工作任务同样重要，甚至你上班时间做这些事也没关系。"

我写作近五年，为什么越写越好，灵感永不枯竭，永远有新东西可写，永远能提出新观点？因为每天晚上12点之后的一段时间，几乎是我雷打不动的学习时间。不管当天多累，这个习惯我都没中断。我个人的成长也是这样，在常量方面稳步发展的同时，不断做能产生变量的事情。

2018年年初我辞职创业，2019年6月开始扩大团队，到2019年10月，整个团队有12个人。但我发现，业务变多，团队并没有解放我的时间，反而让我每天忙得焦头烂额。有段时间，我在写一个1 000字的小分享时竟然想了2小时都没写出来，我意识到不能再这样下去了，否则我的知识和能力储备要被掏空了。最重要的是，这样做下去，我们公司明年没有新产品，不论在个人成长还是业务发展上，我都没有培育变量的时间。

当时我就决定，一方面要加强培训，让新人可以尽快独立自主地完成工作，另一方面，在接下来招人时，要舍得高薪招人，招成熟的人、不用让我太操心的人，甚至能帮我带团队的人，这样我才有机会做新的课程，同时我也有时间充电学习，这才是长久之计。希望每个人都通过变量思维学会竞争，持续成长。

思考

升级思维的目的是改变行动。迭代了变量思维之后，你可以思考一下，在过去一年的成长过程中，你有没有给培育变量留有足够的时间？有没有称得上"培育变量"的事件？接下来的一年，你将怎么制造变量、持续成长？

第三章

透过现象看本质

第一节　真实思维：没有真实反馈，就没有增强回路

一天读一本书并不厉害，因为可能你读了三天就不再继续读了。一周读一本书，持续不间断读一年、两年、三年的，才是真正"可怕"的人。成长，比拼的不是一瞬间的爆发性，比拼的是持续性和稳定性，所以我们倡导的理念是持续成长。

为什么有的人能持续成长，有的人只能成长一段时间？这不是自律不自律的问题，而是能否得到持续推动你前进的反馈的问题。注意，这个反馈一定要是真实的。本节围绕持续成长，给大家讲讲增强回路和真实反馈。

没有增强回路，就没有持续成长

什么是增强回路？下面给你讲一下伟大的公司——亚马逊的增长故事。

亚马逊有一项核心业务——99 美元的 Prime 业务，即会员服务。成为会

员之后，所有商品免运费，部分商品可在当日送达，甚至有的东西可在 2 小时内送达；会员可以免费看平台上大量视频，免费听大量音乐，免费阅读一部分书籍和杂志，等等。一旦成为会员，用户就会消费更多；消费更多，平台就可以引入更多商品，同时将商品卖得更便宜；然后，更多的消费者就会被便宜的、品类丰富的商品吸引，购买亚马逊 99 美元的会员服务。

2017 年的数据显示，亚马逊的会员已经超过 6 000 万，每年单是会员费这一项收入就超过 60 亿美元。购买会员的人越多，大家消费的频次和额度就越高；消费的频次和额度越高，亚马逊对供应商压价就越多，商品品类也越多；亚马逊压价越多，客户获利就越多，选择也越多，购买会员服务的人就越多……

这是亚马逊二十多年蒸蒸日上的重要推动力，即亚马逊的增强回路。

所谓增强回路，就是一件事的"因"能够增强"果"，"果"得到增强后又反过来增强"因"，因果无限循环构成增强回路。任何一个系统，只要搭建起一条增强回路，系统就能自动扩张、持续增长。

百因必有果，我们都知道因果链，因果链是从因到果的一条线段。增强回路实际上就是让无数的因果链形成闭环，闭环后这个圆圈转起来，就分不清因果了，因也是果，果也是因。

好看的人，一定会越好看，因为每一次别人夸他好看，好看在他心中的重要性就又提升了一点点，他就会越注重捯饬自己。

同理，有时候：不是越胖的人越有动力减肥，反而是越瘦的；不是越矮的人越喜欢穿显高的衣服，反而是越高的；不是越穷的人越爱学习，反而是越有钱的……增强回路解决了持续动力不足的问题。

没有真实反馈，就没有增强回路

在做一件事时，你能启动增强回路有一个非常重要的前提，那就是你可以收到真实反馈。

下面讲个案例。

做慈善很困难，比经商还困难。商业和慈善业最大的区别就是，商业有增强回路，慈善业没有。

为什么？因为经商有真实反馈，做慈善没有。

经商：一个商人开了一家兰州拉面馆，拉面的定价为 26 元一碗。你到这家面馆吃拉面，吃完后，要么你觉得好吃，以后还要来，甚至要推荐给朋友；要么你觉得很难吃，以后不再来，甚至还要告诉朋友别来。这个商人要根据这些真实的反馈优化生意。要是很多人觉得难吃，不想再来，他就要提高食物的质量。

做慈善：有个人通过开兰州拉面馆做慈善，免费给大家吃。今天过来吃的，只要觉得不是特别难吃，基本上后来还会来吃，毕竟免费嘛。于是开面馆的人收不到真实的反馈。服务好不好、口味好不好，他都不知道，但这也不影响大家每天来免费吃。

经商：你给 10 个人每人 100 万，让他们去做生意。一年后，你大概就知道谁比较会经商，以后就可以重用他。

做慈善：你给 10 个人每人 100 万，让他们去做慈善。一年后，你不知道谁最会做慈善，只知道他们都把钱花完了而已。而且，你很难有个标准，不知道怎么行善是最有效率的，而通过商业手段行善，你就可以知道。

于是人们意识到，仅仅以做慈善的方式做慈善，必定是低效的、失败的，所以现在大富豪们都在做商业慈善，因为通过商业手段做慈善能提高行善的效率。

比尔·盖茨、扎克伯格等富豪的慈善基金会，本质上就是像商业机构一样运作的。据说，耶鲁大学的校产基金中有一半来自捐赠，这些通过捐赠得来的钱由大投资人大卫·史文森运作，他管理耶鲁260多亿美元的校产基金，这些钱不能都直接拿去用，也要商业化，比如他们一直在做投资，而且战绩颇丰，过去20年，基金保持了两位数的复合增长率。

个人成长也是如此，没有真实反馈，就没有增强回路。

我刚进入新媒体行业时，我所在的公司还没有彻底向新媒体转型，公司的内容组中有一半是传统媒体人，他们每月会做一期杂志；另一半是新媒体人，做公众号相关的业务。新媒体人成长普遍快于传统媒体人。新媒体编辑发在公众号上的每一篇文章，都能收到即时的真实反馈，包括有多少人看、多少人点赞、多少人留言、多少人转发、多少账号转载，等等。每收到一次真实反馈，新媒体编辑就可以分析反馈，提升自我，这就启动增强回路了。

传统媒体人写完稿子，稿子印在杂志上就完事了。多少人买这本杂志是因为他的那篇文章？他不知道。买了这本杂志的人中，有百分之多少的人看了他那篇文章？他不知道。看过他那篇文章的人中，有多少人喜欢？他不知道。实际上，传统媒体人一篇一篇地写，但几乎从来收不到真实反馈，也就无法启动增强回路。

我的写作课讲的都是公开写作。如果你想提高写作能力，我坚决反对你在家自己写、自己看，从来不发表，因为那样的话，你永远得不到真实的反馈，进步一定极其缓慢。

有个学员参加我的写作训练营，最后在比稿大赛中进入前五名。

她说好不容易憋出稿子并把它交给助教，没过多长时间就收到助教长长的修改批注和留言，她内心是崩溃的，自信心受到严重打击，但觉得建议都对，就一点一点按要求改。她改完并上交后，不出意外地又收到了助教长长的语音留言。助教花了 2 小时看书、查资料，给她指出可以在文章的哪一部分加入哪些素材，就这样，她又认真改了一遍。等到确认自己进入比稿大赛前五名，要把文章发在我的公众号上之后，她又收到助教的消息，得知文章还要改。

这篇稿子从初稿到最终发表改了七八稿，她感到很痛苦。但是经历这个过程之后，她的写作水平提高了很多，因为她不断收到来自专业助教的真实反馈，根据反馈提高，将文章改得更好，接着得到更高水平的反馈，然后改到更好。

很多人的写作进步很慢，就是因为他们一直没有公开发表，一直得不到最真实的反馈。他们要么是只给自己看，自我感觉良好，犯过的错误之后依然犯；要么就是只给自己的亲朋好友看，亲朋好友看了后，很可能会盲目鼓励，说写得真好，也很可能会盲目打击，说写这有什么用，又做不了作家。总之，很多人收到的都不是真实反馈，也就无法持续提升写作能力，激活增强回路。

走出自我意识，走进真实世界

2019 年 11 月，在一个自媒体从业者的聚会上，大家讨论着当年的自媒体广告环境。有个朋友说了个很真实的段子：有家公司每个月有 500 万 ~ 1 000 万元的广告预算，9 月削减预算，当月 580 万元预算砍了 500 万元，结果特别神奇，他们的营收并没有下降。

我们在做很多事情时都很盲目，因为我们没有尽可能地发现真相。

如何尽可能地发现真相？方法就是，走出自我意识，走进真实世界。

我的助理在运营第一期写作训练营的时候，有不少问题和困惑。这是因为在那个阶段，她被困在了自我意识里，没有去发现真相。

比如在筹备期，她频繁地跟我说："很多人觉得作业强度太大，每天要花 2 小时以上的时间做作业。要不我们把作业难度降低到只用花 30 分钟就能完成？很多人觉得在这 21 天中，每天都有作业，这种训练强度太大了。要不我们中间休息一两天？"

每次我都会反问她："很多，很多，到底多少？几个学员向你反映了？"她经常回答："这几天至少有五六个学员跟我说了。"

我说："我们一期训练营有 300 多个学员，五六个学员向你反映，这个比例非常低。300 多个学员里，觉得作业强度可以接受的人，就压根儿不会与你探讨这个问题。只有觉得这种强度设置有问题的学员才会过来找你讨论这个问题，从而加重了你的自我意识。"

她该怎么办呢？她应该走进真实的世界。我让助理设计了份调查问卷，让她把问卷发给所有学员，结果大家都希望作业可以多一点、强度可以大一点，因为大家就是来学习的，希望能多做一些。

现在，那个助理已经成为我的合伙人，在每一期遇到问题时，我们都会深入学员进行调查，以此解决问题，所以我们一起做了十几期写作训练营，一期比一期效果好。

得到真实反馈，是为了对抗调节回路。

什么是调节回路？成长的结果是符合人性的，看见成长就越愿意成长，但成长的过程是不符合人性的，学习和训练都是很苦很累的，所以人会经常出现放弃的行为，这就是调节回路，很多人以为，自己经常想放弃是不正常的，其实那才是真实的反馈。

创业者最重要的事情中一定有一件是招人，也就是招到一个厉害的人。这样，创业者就会解放自己一部分精力，然后就有时间招更多厉害的人，这就是增强回路。

但是很多创业者会被调节回路打败，比如我创业后第一次公开招聘，收到了 50 份简历，只有 5 个进入面试环节，最终录取了 2 个。一开始我都绝望了，心想招人这么难吗？我的公司这么没有吸引力吗？然后我就有点消沉。

我去问了很多有经验的创业者后发现，这个面试比例、录取比例是非常正常的，而且还比很多公司要好，这才是真实的状态。所以我对抗了调节回路，继续招聘，到现在团队越来越成熟，我在搭建团队这件事上也启动了增强回路。

得到真实反馈，是为了对抗滞后反馈。

有的学员向我学写作，感到特别焦虑，比如："我写作业都要花两三小时，是不是真的不适合写作？""我写一篇 3 000 字的文章要花一天时间，是不是太慢了啊？""我坚持写了半年，感觉写作还是很难，怎么办？"

我说："这些问题都不是问题，出现这些问题都是正常的，你们没必要焦虑。90% 的学员写作业都需要两三小时，你的情况是正常的；95% 的新手认真打磨一篇文章都得花一天，有的花了一天都完不成；大部分写作者，写了五年、十年甚至一辈子，都没觉得写作是件容易的事情。写作从来都不是一件轻而易举的事情，写作注定不是一种可以在一个月之内速成的技能。所以你想持续进步，就要对抗滞后反馈，这就和减肥一样，你要持续做下去，才能启动增强回路。"

若要启动增强回路，就一定要走出自我意识，得到真实反馈，具体有以下 4 个要点：

第一，心态上要能接受真实、拥抱真实，真实是最有力量的反馈；

第二，要看清真实的结果，走进真实的世界，清醒思考，接近真相；

第三，凡事要尽可能地正确归因，错误归因会让你离增强回路越来越远；

第四，得到真实反馈，可以在最大限度上对抗调节回路和滞后反馈。

发现一个变量，会让你短时间内快速成长；找到一条因果链，会让你完成阶段性成长。只有找到一条增强回路，才能让自己持续成长。而要启动增强回路，就一定要找到正向的真实反馈，这是成长的底层推动力。

思考

升级思维的目的是改变行动。迭代了真实思维之后，你可以思考一下，在哪些方面，你因为收到了正向的真实反馈而做到了持续成长？在哪些方面，你缺少真实反馈？

第二节　结果思维：拿不到结果的高效，是最大的懒惰

什么是人才？人才不是有苦劳的人，而是有功劳的人。

前者比较注重"我做了多少事情"，后者更着重"我拿到多少结果"。

所以，人才就是能交付结果的人。

拿不到结果的高效，是最大的懒惰

很多人认为自己做事效率高，比如：

我今天上午打了 100 个销售电话；

我这周完成了 20 家企业客户的拜访；

我每天听三节写作课，日更 2 000 字；

我今年读了 100 本书；

我每天工作 15 小时，学习到晚上 12 点；

……

这些事是应该做的吗？做是应该的，不做也是应该的，只有拿不到结

果是不应该的。既然结果是最重要的，那么你更应该问的是：

我今天的销售额是多少？我这个月搞定了几家客户？我这个月写作水平提升了多少？我这个月读书、学习的成果是什么？我掌握了多少知识？我学会了什么技能？

如果对这些问题避而不谈，那么你在做这些事时越高效就会越懒惰。你不关心真正的目标，最终只不过是自我感动。

我的公众号 @ 粥左罗经常出现一些原创爆款文章，很多公众号的编辑想转载，就过来申请授权。最初我建了微信群专门给大家授权，后来微信群越来越多，到 2019 年年初，这些微信群覆盖上千个账号。每次有爆文出来，我们都要给几百个公众号授权，我们的运营人员每天授权好几次，工作效率很高。但这样的工作效率不是我想要的，我要的是结果效率。

怎样算是工作效率高？你一天不停地授权，动作很快，一天能授权300 个账号，这就是工作效率高。

但是它的结果效率不高，为什么？让其他账号转载的目的是什么？目的是提高我们文章的影响力，促进我们账号的用户增长。

你一天花那么多时间授权 300 个账号，可能有 280 个账号转载过去阅读量只有一两千，甚至只有几百、几十的阅读量。

任何账号都是不一样的。有的体量大，很多百万大号、千万大号把我的文章转载过去都能获得几十万阅读量，帮助我们做了大量的曝光，也让我们涨粉不少；如果能及时给这些公众号服务，我们的结果效率就高。我们几个微信群一般是每天授权两次，第二次是在下午 6 点。经常有百万大号晚上 10 点多找到我，让我授权，说错过了开白名单的时间。

严格按照授权时间和流程平等服务所有账号就是公平吗？不是。

只有区别对待，才是公平。在发年终奖时，每个人都发双薪是最大的不公平。公平就是，做得差的不发，做得一般的给双薪，做得很好的给三薪、四薪都可以，这才是公平。

所以，我指导做运营的同事建立了一个 VIP 授权群，目的就是及时、高效地服务那些转载一次至少能有 5 000 阅读量的账号。

经过那次，我们的运营同事就做得很好了，她每次都会优先给 VIP 群里的大号授权，而且会一天 24 小时服务这个群，无论对方账号什么时候申请授权，她都会提供服务。同时她自己做了很多我没有指导她去做的事，比如自己写转载推荐话术并分享给大家，主动鼓励大家转载我们的文章，还自己把过往的爆文整理在一起，方便大家查看、转载。

为什么？因为她知道了我们最终想要的结果是什么，所以在做一切动作时向结果的方向提升效率。

2018 年 3 月，我一个人开始创业，到 2019 年 11 月，我写了近百篇文章，公众号用户近 50 万人，付费社群用户近 8 000 人，我写了 2 门线上课的内容，讲了近 30 天线下课，出了 2 本书，做了 8 期训练营，把团队扩展到 10 个人。

很多人问我是不是一个超级自律的人。其实我不知道自己算不算自律，我的日常工作毫无规划，日程安排也是一塌糊涂的，我的兴趣点转移得很快，生活作息也是一团糟，从办了健身卡到健身房倒闭，我就去了两次。但是有一点我跟别人不一样：对于我想要的东西，我一定会想尽各种办法得到它。

如果说我是自律的，那么我应该是一个结果自律的人。我从不问自己是否足够努力、每天工作多少时间、有多拼命。对我来说，这些都是形式，容易让人自我感动。我问的更多的是：我如何能拿到结果？

职场上，努力的人大有人在，但能做出成绩的人不多。实际上，拿不到结果的高效，是最大的懒惰。

每个人下班时都可以问自己一句：我在公司待了一整天、10 小时甚至 12 小时，我都达成了什么目标？拿到了什么结果？

每个公司都不会因为一个员工工作时间长、工作量大给他高工资，一定是因为他拿到了更多结果才给他高工资。所以，我们要为过程奋斗，为结果买单。

人的成长也是如此，不要自我感动，不要自我安慰。很多人不敢直面结果，因为拿结果是最难的。但自己是否获得了成长是骗不了别人的。

学会区分手段和目标，别把手段当目标

很多公司经常办各种大会，每次大会，组织者都费尽心思做一些周边礼物，费尽心思拿预算，费尽心思计算怎么才能让性价比高。我特别想对相关负责人说：别算了，省省吧！你送出去的东西，别人没到家就扔到垃圾桶里了。

有一次，我去给一家保险企业讲课，临走前他们送了我个小袋子，里面有一个充电宝。我看到那个充电宝后觉得很无奈。小小的充电宝，一面印着"××保险"4 个大字，还有一个不走心的企业 Logo，这还不够，充电宝的另一面还印着公众号二维码。我心想：你送我这个干嘛？我好意思拿出去用吗？我给谁谁都不要，只能扔到垃圾桶。

我创业后租了共享办公空间的办公室，租完后工作人员送来 4 个类似电脑包的东西，上面印着设计丑陋的企业 Logo。这还不是最重要的，最重要的是包的用料无比劣质，放在办公室两天，我们感觉要被它们熏死了，于是就把它们扔出去了。

说实话，你不送这些东西，一点问题都没有。你送了，又不送好的，反而让大家无端地对你留下负面印象。不花钱没事，花了钱最后效果是负面的，傻不傻？

为什么会出现这种情况？因为执行这件事的人把手段当成了目标。

我做写作训练营时给学员定制了一款杯子，一方面是为了感谢学员、回馈学员，另一方面当然也希望大家收到后拍张美美的照片、发条朋友圈，增加我们的曝光量，提升我们的品牌美誉度。

设计师做了两款：一款很漂亮，但是我们的 Logo 不明显；另一款 Logo 很显眼，但是不太好看。怎么选呢？当然是选漂亮的。如果你打动不了大家，大家不拍照发朋友圈，你的 Logo 再显眼有什么用？

所以，很多公司的老板跟员工说："我们要办个活动，你定做 1 000 册笔记本吧。"员工回答收到，然后去做笔记本了。实际上很多员工并不知道老板想要的结果是什么。若老板想要的结果是做 1 000 册笔记本吗？肯定不是啊，那只是手段。如果拿到你做的本子后，大家既不会拍照发朋友圈，又不想用，直接把本子扔到垃圾桶里，那么，你做了有什么用？

怎么检验能否拿到结果？其实很简单，你只需要把自己想象成结果承接方，问问自己：我做的这些东西，我自己愿意拿出去用吗？自己企业的员工愿意用吗？我愿意将这些东西送给家人、朋友吗？我发的这条朋友圈消息有格调吗？如果你的回答都是否定的，你就要重新想，因为总不会大家都比你傻吧。

在工作中，你要学会区分手段和目标。

比如做竞品分析只是手段，你要拿到的结果是通过分析竞品做出更好的产品或方案；联系公众号只是手段，不要说你今天联系了 20 个公众号，你要拿的结果是今天谈成几个公众号的推广，预计转化率是多少；让你通知大家开会，不是把通知发出去就完事了，你要确认哪些人能参加、哪些人不能参加；让你请客户吃饭，不是吃完饭就完事了，真正要的结果是把问题解决了……

很多人谈渠道、做销售，一上午打 200 个电话，这不是重要的，你搞定 5 个客户才是真正的目标。你从打第一个电话开始，就要在心里默念"搞定他，搞定他"，而不是"打完，下一个；打完，下一个"，否则你不是成了行尸走肉了吗？

成长中也是如此，很多人会把手段当成目标。比如有人给自己设定"今晚 10 点到 12 点，一定要读完这 40 页书"，在那两个小时里，他的行为导向就是"读完"。如果他发现一个半小时了才读了 20 页，那么在接下来的半个小时里，他就会人为加速，根本不管阅读的效果，"在半小时内读完剩下的 20 页"成了行为重点。这不是跑偏了吗？他真正的目标，应该是"阅读—吸收—成长"，而非"读完"。

不以行动结束为目标，以拿到结果为终点

我有个写作课学员，他问："粥老师，我把你的写作课认真听了，在这个过程中也认真思考了，为什么感觉还是不太懂新媒体写作？"

我说："你再听一遍，再琢磨一遍。"

过了一个月，他又问："粥老师，我花了很长时间又学了一遍，学完第二遍感觉明显好多了，确实学到很多。但是我在动笔写文章时，感觉还是一脸茫然，我该怎么办？"

我说："你在做选题时，再把选题课听一遍；你在写标题时，再把标题课听一遍；你在搭建文章框架时，再把框架课听一遍。把学到的马上用

在实践上，如果实践中出问题了，那就再学一下。"

练习，就是"训练＋学习"。

过了两个月，他非常开心地对我说："感觉自己开窍了，写文章很有感觉了。"

所以，你在听一门课时，到底应该怎么听？

认真听、边听边思考是很好。但是如果你听完一遍后没学好，这次学习就不应该结束，你应该以拿到结果作为这次学习的终点。有些我觉得很有用的课，我都远不止听三遍。书也是，我会反复看，直到我领会它的精髓并能将之用于实践。

不仅学习如此，做任何事都是如此。

我有一个万人成长社群，有一次我发起了一个主题活动——"遇见你们，我的改变"，让大家写写自己加入社群之后的变化，我们计划拿出 2 万元现金用来奖励一部分成员，最后还要在微信群里组织一场颁奖活动。结果我们的运营人员不知道怎么设计这次活动，以为把奖发出去就完成任务了，这就是以行动结束为目标。

后来，我们的合伙人教他设计活动，要拿结果，他该怎么做呢？你把奖发出了，这就是一个营销事件，可以用来宣传我们的社群。既然这样，你就要考虑后续传播，而不是把奖发出去就完事，那后续传播传啥呢？所以你要设计海报，设计颁奖流程，引导大家发言，等等，并在这个过程中保存很多图片资料。

我们开头说了，人才，就是能交付结果的人。我见过的所有牛人，目标感都很强，一旦定下目标，就全力以赴地去拿到结果，而不是把该做的都做了就完事了。

2019 年 11 月，我们的第七期写作训练营招生不太顺利，运营人员说，再在一个公众号上推广一下吧，我拒绝了。我为什么不再推一次？原因很简单，上次用一模一样的文案做推广，也就转化了 20 个，那我再推一次，意义何在？所以我就不推了，那个运营人员可能觉得，该做的事情也做了，而且准备时间太紧了，结果也就那样好了。

结果距离推广结束还有 5 天的时候，我的运营合伙人又非得争取在公众号第二条图文的位置上推广；第二天，她发了一篇学员写的文案继续推广，然后找人帮忙推广；把海报发到公司群里，请求所有同事帮忙转发……结果呢？本来注定完不成的目标，最后竟然完成了，还超额完成了，她在 4 天时间里招了 84 个人。这就是能拼尽全力交付结果的人，也是为什么她能成为我的合伙人。希望从今天开始，我们都告别自我感动，停止盲目行动，做一个能盯着结果行动、拿着结果交付的人。

思考

升级思维的目的是改变行动。迭代了结果思维后，请思考一下，在工作或学习中的哪些方面，你经常错把手段当目标？在哪些方面，你只走过场，忘了追求结果？你要如何改进？

第三节　激励思维：人被什么所激励，就会为什么去卖命

激励机制是查理·芒格非常推崇的思维模型，他说："每个人都以为自己完全明白激励机制和惩罚机制在改变认知和行为方面有多么重要，但其实往往不是这样的。"查理·芒格认为，该考虑发挥激励机制的威力时，千万别考虑其他。

驱动，最有力量的方式是激励

你是一个老板、领导，你要让员工帮你做事；你是一个员工，你要让同事帮你做事；你想推进一个项目，希望得到合作伙伴的支持；你在一个社群里，希望得到更多人的拥护；你希望那个女孩喜欢你；你希望在朋友间更受欢迎；你想用户一直追随你……

这些，都是你在试图让别人按照你的意愿行事。

什么样的方式最有效呢？答案是激励对方。

物质激励是很重要的激励。明星餐饮企业西贝的创始人贾国龙深谙此道。

2020年疫情之前，贾国龙一直说，西贝不会上市，而且是永远。为什么呢？过去他和高管经过讨论后认为，对西贝的发展而言，人的作用大于资本的作用。因此企业在分配利润时，要倾向于分配给人，而非分配给资本。贾国龙夫妇每年把自己分红的50%以上用作员工奖金，同时要求年收入超过1 000万元的高管，要从超过1 000万元的部分中拿出50%用于激励团队成员。对一线员工，西贝的策略是，行业平均薪资为5 000元，西贝给6 000元，再给他赋能，让他干出7 000元的活。

我最初进入新媒体行业工作时，用了一年半的时间让自己飞速成长。不可否认，其中一个原因是当时的激励机制极大地激发了我的潜能。那时候，我刚毕业一年，正在北京住地下室，还谈着恋爱，赚钱是我很大的动力。当时写稿子有稿费、有阅读量分级奖金、有个人突出贡献奖金、有团队突出贡献奖，当时我拼命工作，拿遍所有奖金，这个过程中我进步飞速，也为公司创造了很好的业绩。

晋升也是一种有效激励。清华大学的宁向东教授说过一句话，大意是企业组织中，员工大都有爬梯子、出人头地的渴求，有追求晋升的动机。

我们自己做的写作训练营是很重的服务模式，运营团队人很多。考虑到成本原因，我们无法都用全职人员，而是用两个全职人员带着几十个兼职人员做，几十个兼职人员分布在全国各地。我们实际上是很难管理他们的，加上兼职人员工资不高，所以我们将晋升作为重要的管理和激励手段。

优秀学员有机会成为班长，班长做到优秀可以申请晋升为连长，连长做好了可以做班主任，班主任做好了可以做运营官。如果基层人员走专业能力晋升路线，可以逐步晋升为助教助理、助教、点评嘉宾。很多时候，这种晋升比金钱更能激励人。

如今在知识付费行业，运营社群的做法很流行。运营社群其实也要靠激励。金钱的激励是一种，设置等级和晋升机制也同样重要。成员越多，这种激励的效果越明显。

查理·芒格认为，也许最重要的管理原则，就是制定正确的激励机制。

激励思维在平时的工作和生活中还有什么用法？我认为，你可以用它来激励别人、赞美别人，让别人变得更美好。总之，你要愿意做一个点亮别人的人。

在我的知识星球社群里，有一类人特别受欢迎，那就是经常赞美别人的人。

有些学校和家庭采用打压的教育方式培养孩子。我就是这么长大的，有时候觉得自己已经尽力了，但爸妈觉得我做得还是不够好，几乎不会直接夸赞我，像我这样在自卑中长大的人很多。

我们的人生中常常缺少赞美。而同时，缺乏自信教育的我们，通常不喜欢开口对别人说一句："你很棒！"好像越是夸赞别人，就显得自己越不优秀。正是因为这样，一个善于真诚赞美别人的人，通常会很受欢迎。在关键时刻，真诚地赞美别人、激励别人，有时会让被赞美者终生难忘。

如果你有过这样的经历，你就知道这种力量很强。你不经意的一句鼓励，可能让对方开心一天。鼓励他的人多了，他会更自信、更优秀。

海底捞的张勇回忆年轻时的创业经历就说，他第一次尝试创业时，有个商人很认真地告诉他："小伙子，我觉得你将来一定能成大事。"这句话让 21 岁的他无比激动，20 年后他还清晰地记得。

在我的职业生涯中，我非常感激一位领导，他是之前我所在的公司的总裁，并不直接领导我，我们之间还隔着几级。但他很欣赏、很关注我，我写了一些文章后，他经常走到我工位边上跟我说几句话。有一次我加班到很晚，他主动开车送我回家，中间还停下来请我在一家他常去的餐馆吃了顿饭。这些都让我觉得自己得到了很大的认可，我内心很开心，也更愿意努力了。

不过，他对我最大的激励还不是上面这些，而是有一次他把我叫到办公室，聊我的发展。我自己不是特别自信，但他非常看好我，他说："你跟别人不一样，你不能要求自己以别人那样的速度进步，你要跑得再快一些，你要想想你粥左罗要成为一个什么样的人。"

我一直是缺乏自信的，经常把事情做到 9 分，但自己觉得是 7 分，在别人那给自己的表现打的分则还不够 6 分。这位领导激励了我几次，对我帮助很大。他慢慢地让我相信，我就是跟别人不一样，我本就该比别人进步更快。

如果你经常真诚地赞美你的同事，他一定更愿意配合你；如果你真诚地赞美你的合作伙伴，他一定也能感受到你的魅力；如果你周围的朋友更多的是在拼命地秀自己，而你做一个愿意赞美朋友的人，你一定更受欢迎；如果你喜欢谁，就要勇敢、直接地赞美对方，因为人更喜欢那些喜欢自己的人……

这些都是激励思维的魔力，你要成为一个善于点亮别人的人。你在点亮别人的时候，同时点亮了自己。

驱动自己，最有力量的方式是激励

我们的一生常常在驱动别人，也在驱动自己。驱动别人靠激励，驱动自己亦是如此。

我还有个身份是写作课讲师，截至 2020 年 3 月，我开了十五期写作训练营，很多同学都问过我："老师，我怎么把写作坚持下去？"

我是这样回复的。

你首先把"坚持"这两个字从头脑中拿掉。人因痛苦而改变，因受益而坚持。驱动你一直做一件事必不可少的因素，是它能不断带给你回报。

你要从写作中找到受益的方式，这样，你才能一直写下去。如果你学到了写作技巧，就不要把它们束之高阁，不要觉得会了就万事大吉，要尝试把这些技巧用起来，用在生活、职场里，去优化你的表达，提升你的沟通效果。

比如知道一个大 V 的微信号后，你可以写出通过率更高的申请话术；在公司里，你需要上台分享时，你可以表达得更有逻辑、更吸引人、更有说服力；给老板发邮件写工作汇报时，你可以更好地展示自己的工作成绩；向公司其他部门求助时，你掌握了让对方更愿意帮你的沟通方式；如果你一直有意识地这样去做，你会发现写作能力太有用了，它几乎处处让你受益，这时候，我相信即使别人劝你放弃写作，你也不会放弃。

这背后的原理就是激励思维的力量。

写作从来都不是一件容易的事，但这件事我做了 5 年，我靠的是坚持吗？不，是激励。写作真正激励了我：我靠写作赚到了第一个 10 万、第一个 100 万；我靠写作被几十万人喜欢；我靠写作创立了自己的公司……这种激励，比任何强制力量更有威力。

最初写这本书的内容期间，我每天吃健康餐，一有时间就去骑车，一次骑五六十公里，在 21 天里体重减掉了近 10 斤。

我为什么开始减肥？因为连续几次得到了负向激励，除了我认识的一些老板的啤酒肚对我产生了负向激励，还有几次令我印象深刻的负向激励：我在朋友圈发我参加活动的照片，无一例外，都会有朋友、学员评论："啊啊啊，粥老师你又胖了！"

曾经，在身材方面，我收到的全都是正向激励，所以当我开始收获负向激励时，我就被极大地驱动了：我发誓我要瘦回来！

同时，在减肥的那段时间里，我又不断收到正向激励，比如："粥老师，你瘦得好快啊！""好佩服你的毅力啊！""你是怎么做到的？""粥老师，你瘦了确实比之前好看太多了！"

不管这是真心的夸奖，还是彩虹屁①，都让我更有动力。为了驱动自己，我不断寻求更多这样的激励，这种方法是极易奏效的。

我曾在上课时讲过一个现象：一般越是瘦的人反而越喜欢穿显瘦的衣服；越是个子高的人反而越爱穿让自己看起来更高的鞋子；越是皮肤好的人反而越注重护肤；越是被人夸可爱的人反而越爱想办法让自己更可爱；越被人说幽默的人在饭局上反而越喜欢讲笑话……

为什么呢？人被什么激励过，就越在意什么。

所以，我给大家分享三个建议。

第一，学会通过激励启动增强回路。

你想做好什么，就一定要从本质上认清那件事的真正价值，找到那件事对你的激励之处，你被激励了，就会想做得更好，你做得更好，就会更

---

① 彩虹屁：网络流行语，指的是粉丝用各种方式吹捧自己的偶像。

被激励，这样就启动了增强回路。

第二，人会在自己热爱的事情上发光。

我有一次做演讲，讲通过副业赚钱，有同学提问："如何找到适合自己的副业？"

我告诉她："你要做的第一个步骤就是列出你的喜好。因为一个人不可能在不热爱的事情上持续投入，你的选择要符合'长期主义'，选自己热爱的最初未必是好选择，但从长期来看，一定是最好的选择。它能给你快乐，给你荣耀，给你内心的满足感，最终也会让你赚到钱。"

第三，你的时间花在哪，你是看得见的；给你成就感的事情，你是能意识到的。

很多人说找不到自己的发展定位，不知道自己喜欢什么，于是向我咨询。

我说："你情不自禁地投入大量时间去做的事情，就是你喜欢的事情。你的时间花在哪里，你是看得见的。你可以认真回想一下，过去几年，你最愿意在哪些事情上投入时间？喜欢一样东西时，你不是真的喜欢它，而是喜欢自己被取悦了的样子。喜欢那样东西时，你处在最好的状态。想想你过去做过的哪些事让你有成就感，让你取悦了自己，让你觉得自己特别优秀。"

答案就藏在这里面。

人被什么激励，就会为什么卖命

有一个故事令我印象深刻。

一个在特斯拉工作的员工分享了他在那里工作的经历和感受。在他的描述里，特斯拉的创始人马斯克是一个冷面 CEO，他性格冷酷，对人十分严厉，甚至可以说是苛刻；如果你不能让马斯克满意，他会立马开除你，甚至"一锅端"似的开除你整个团队；马斯克只告诉你他想要你实现的目标，不管那个目标多么不切实际、多么不可能实现。员工在这里工作，每天面临巨大的压力和挑战，随时会被骂得狗血淋头，然而，很多员工都有机会在别的公司拿更高的薪水，但他们还是选择加入特斯拉、留在特斯拉。

为什么呢？这个员工说："我之前的每一份工作都是别人要花 8 小时才能完成的，但我 2 小时就做好。我做过 12 份实习工作、2 份全职工作、无数兼职项目，除了赞誉，我没接受过其他反馈，但我来到特斯拉第二周就感觉自己要被辞退了。你觉得马斯克对你要求严吗？他对自己要求更严。这里是 A 级人才的天堂。你觉得不可能做成的事情，在这里都有可能做成。马斯克'画饼'能力天下第一，不仅对顾客如此，对员工也是这样。你问这里任何员工，大家都能一字不差地说出公司的使命，和这样有热情的人一起工作真的很开心啊。在这样的公司工作，自己做的事情马上能产生影响力，像上瘾一样欲罢不能。每完成一个项目，我们都会觉得一切都很值得。"

这个员工最后总结的一句话，让我一直记得，他说："人会被什么感动，就愿意为什么卖命。"

这就是激励机制的威力。金钱是一种非常重要的激励，但不是唯一有效的激励。卡耐基在《人性的弱点》一书中讲过一个故事。

有一位车间经理能力非常强，但费了九牛二虎之力也无法使他管理的工人完成生产目标。大老板来视察后很生气，质问他："这到底是怎么回事，你这样一个能干的人，竟然不能让那些工人完成生产任务？"经理很委屈："我也弄不清楚怎么回事……我用温和的话鼓励他们，用严厉的话斥责他们，甚至用降职罚薪来警告他们，可他们还是完不成任务。"

他们谈话的时候，是白班快结束、夜班将开始的时候。这时大老板对经理说："你给我一支粉笔。"然后，大老板拿着粉笔走向工人们，问道："你们这班今天完成了几个单位？"工人们回答说："6个。"大老板听完后一言不发，拿起粉笔在墙上写了一个大大的"6"，便走了。

夜班的工人来接班时看到了这个"6"，就问白班工人这是什么意思。白班工人回答："大老板刚才来这里，他问我们今天做了几个单位，我说6个，他就在墙上写了这个'6'。"

第二天早上，白班工人来接班时，发现夜班工人已经将"6"拭去，取而代之的是一个大大的"7"。看到这个"7"，白班工人坐不住了，觉得自己被夜班工人超过了，于是他们更认真地投入工作，下班时，墙上留下了一个大得出奇的"10"。

没过多久，这家之前总是完不成生产任务的工厂，次次都能够超额完成任务目标。

在这个故事里，大老板巧妙地引导两班工人找到了"超过对方"的成就感，激发了工人们的工作热情，其效果远比车间经理"胡萝卜＋大棒"的策略更有效。

西贝创始人贾国龙也说过："人性都是求舒服，我也是。但人性还有另一面，就是争强好胜，想赢怕输。打麻将是，工作也是。"西贝管理的底层逻辑就是让大家比赛，因为在比赛中人的状态最好，精神最集中，自我驱动力最强，行为也最高效。

最后，问题来了：激励机制作用非常强大，难道它没有坏处吗？有，激励机制用错了，常常适得其反。

有一段时期，美国施乐公司的新机器总是卖得不如那些性能低下的旧机器。那时候，创始人早已离开公司进入了政府部门，但不得不辞职重回公司。回到施乐后他发现，原来根据公司和销售员签署的提成协议，只要把旧机器卖给客户，销售员就能得到很高的提成。

所以，最后我告诉大家几点注意事项，希望大家避免采用以下几种错误的激励方式。

第一，奖励的参考标准错误。

人们会根据完成任务的数量和速度这两个维度给自己奖励，这种奖励的参考标准就是错误的，人们更应该关注质量和结果。比如，为了奖励自己而快速完成审计项目的审计师，更容易出错；为了奖励自己而快速读完一本书的人，阅读更容易流于形式。

第二，奖励的奖品选错了。

很多人的激励措施经常与完成的目标背道而驰。比如有人在减肥，连续减肥一周的奖励竟然是吃一顿小龙虾；有人健身，完成当月健身计划的奖励竟然是下周可以不去健身房；有人学吉他，学会一首歌曲的弹唱后给自己的奖励竟然是这周可以不用练了，休息一下……这些奖励对你长期目标的实现并无益处，因此，你的激励措施或奖励的奖品不能是冲击你目标的。

第三，奖励容易作假的行为。

很多事情是容易作假的，鼓励这些行为无异于鼓励作假。比如有的老板公开表扬经常加班的员工，这绝对是个错误的行为，很容易营造不正的企业文化。比如广告主在公众号投放广告时按文章阅读量付费，这不是摆明了鼓励刷阅读量吗？

第四，成于此却败于彼的激励。

我有些做公众号的同行，他们对团队唯一的激励以阅读量为标准。是的，这种标准非常有助于阅读量的提高，让他们产出更多 10W+ 爆文。但是，随着平均阅读量的不断提高，品牌形象可能越来越差，因为大家为了提高阅读量，只想通过各种方式强蹭热点，取博眼球的标题，甚至利用封面图打擦边球，这就是成于此却败于彼的激励。上面提到的施乐公司也是如此，原本想处理旧机器，反而极大地影响了新机器的售卖，得不偿失。

驱动别人，驱动自己，驱动一切资源为己所用，最有力量的方式就是激励，同时也要避免错误激励带来的破坏力。

思考

升级思维的目的是改变行动。升级了激励思维后，你就会明白，推动别人向前最好的方式是激励。现在我想问你：如果你想成为同事、朋友中最值得帮助的人，你应该如何使用激励思维帮你达成这一点？请你列出一些具体的行动。

第四节 复利思维：凡可积累，皆有复利

什么是复利？将上期的本金和利息相加，作为下一期的本金，在计算时，每一期本金的数额不同，这就是复利的基本前提。

复利的威力有多大？如果你拿出 1 万元投资，年利率为 10%，第二年你能得到 0.1 万元的利息，本息和就是 1.1 万元。复利是利滚利，所以第二年你的本金实际上变成了 1.1 万元，你的本息和就是 1.21 万元 [1 × (1+10%) ^{2} = 1.21]。依次类推，第 N 年，你的财富就是 1 × (1+10%) ^{n} 万元。

按这种年利率算，25 年后，你的 1 万元就超过 10 万元。如果年利率是 15%，你的 1 万元，17 年后就能变成 10 多万元，34 年后就能变成 100 多万元。如果年利率是 20%，你的 1 万元，26 年后就能变成 100 多万元。

这是什么概念？如果我今天投资 100 万元，年利率为 20%，那么 26 年后我就有了约 1 亿元。

这就是复利的威力，很吓人吧！但实际上，就算你明白了，这种复利

回报你也享受不到。如果真能按上面的公式获得回报，我现在就退休，只需要投入 100 万元，然后坐等成为亿万富翁。

是复利模型出问题了吗？没有，它没错。

但在现实的金融世界中，别说 20% 的年利率，就连长期稳定的 10% 的年利率都几乎不存在。如果有投资经理告诉你他能帮你实现长期稳定的 10% 的年收益率，那你就要小心被"割韭菜"了。再说了，计算复利，还得看本金呢，10 万元翻 1 倍是 20 万元，多了 10 万元；100 万元翻 1 倍是 200 万元，多了 100 万元。

所以，综上所述，年轻人别幻想着靠复利去投资、发财，这特别不靠谱，除非你特别有钱。如果以后谁再给你讲这些，你记住，要么是对方无知，要么是对方爱画大饼、灌鸡汤。

本节讲的复利，主要是一种高效的成长方式，即把复利思维用在成长上。

利用复利启动增强回路

什么是增强回路？我们前面讲过，一件事的因能够强化果，果反过来又强化因，形成回路，一圈一圈地循环增强，这就是增强回路。

增强回路，就是你在这件事的系统里做的每一个动作，都在一圈一圈的循环增强中"利滚利"，它不是获得一次收益后清零。真实世界中，强者越强的原因正在于此。

我做公众号 @ 粥左罗时，每一篇质量很高的文章，都会有很多用户阅读，也会有很多用户转发，很高的转发量带来很高的新增关注量，结果我的用户基数更大了，之后我写下的高质量文章的阅读人数就更多了，然后转发人数也更多了……这就是启动了一个增强回路，运营一年后，我的公众号就拥有了 30 万用户，两年后就拥有了 76 万用户。

我在 2019 年 6 月出版了《学会写作》一书，出版这本书之前，我谈了三家出版社，最后选择与人民邮电出版社合作，原因就一个：它给的首印量最高，有 3 万册。首印量高，说明出版社要投入更多资源去推广，这样，这本书就很可能会卖得更多；卖得更多，我出下一本书就能签更高的首印量……这也是一个典型的增强回路。

我推广音频课也是这样，我的课在一个平台上卖得越好，我在业界的名气就越大，名气越大，就会有更多平台来找我合作……这又是一个典型的增强回路，能让我实现"复利"。

这些经历能给大家的成长什么启发呢？

第一，你要尽量多做那些能启动增强回路的事情，少做获得一次收益后清零的事。

第二，你要持续专注于一些领域。比如，我写了几篇好文章后不写了，我出了一本很好的书后不出下一本了，我写了门卖得很好的课但我接下来不想再写了，这样会让我无缘享受复利。

第三，你要始终做一个按高标准做事的人，否则你压根启动不了增强回路。比如你出了本书，书卖得很好，然后你要出下一本书了，这时候能不能进入增强回路取决于什么？取决于下一本书质量高不高。如果下一本书质量很差，那抱歉，你启动不了增强回路。

按高标准做事这一点非常重要，这是让你从竞争中脱颖而出的"武器"。大家都知道，我是在 2018 年公众号红利逐渐消失后将公众号业务做起来的，按照增强回路的定义，我根本没有机会，因为已经存在的大号在吃"强者越强"这个红利。但是我力求在质量上超过他们，这样，我每写一篇，"利率"都比他们高，我就能从他们手里抢用户。

复利中有两个重要的因素：一个是本金，另一个是利率。我们本金不多，所以要在利率上拼命，这样才能与高手过招。做事高标准，就是做事高利率。

利用复利制造重复收益

增强回路，针对横向复利。重复收益，针对纵向复利。

什么是纵向复利？纵向复利就是，你在做一件事时，能非常聪明地从多个维度重复获取收益。

如果这样的模式可行，那岂不是很有发展前景？是，确实可行。

2019 年 1 月，我上线了音频课程《粥左罗教你从零开始学写作》。

2019 年 4 月，我根据这些内容推出了"粥左罗 21 天写作训练营"。

2019 年 6 月，我根据这些内容写的书《学会写作》出版上市。

还没完呢，这三件事还在互相促进：《学会写作》的封面勒口放了训练营的二维码，所以书也变成了一个流量入口，帮助训练营招募更多学员，而且是精准学员；参加训练营的学员中，有不少学员又去反复地听音频课；而书刚出版上市时，音频课和训练营的学员带动了一大波销量，让书很快冲到了新书畅销榜前十的位置，这个成绩维持了很长时间。

这就是一举三得。其实第一件事完成之后，做后面两个产品就很简单了。能出音频课的老师很多，但能纵向开发后面两个产品的老师很少。其实，这种事得多干，它能带来极可观的重复收益。

同时，这三件事都是很有价值的。听音频课的同学都希望有一本实体书，这样方便平时翻阅；很多学员需要更深度的服务、更好的学习方式，所以在训练营学习也是很多学员的需求，你不做反而不能更好地服务大家。

这是一种思维方式，跟你干不干我这一行没关系。我的很多行为都遵循纵向开发的复利模式。

我翻看一本书的时候，会使劲开动脑筋，尽力去想一些问题。

第一，有没有可能根据这些内容做个选题，写公众号文章？

第二，有没有特别适合在我的社群里给大家分享的知识？

第三，有没有特别适合放在我的课里的观点和案例？

所以我读书，从速度上看，比很多人慢，但从收益上看，我收获的比很多人多。纵向复利是一种积极的"人生'贪婪'算法"，希望你多琢磨一下。

遵循复利模式重要的是持续

亚马逊创始人贝佐斯有一次问自己的偶像巴菲特："你的投资理念非常简单，而且你是世界上第二有钱的人……为什么大家不直接复制你的做法？"

巴菲特回答："因为没有人愿意慢慢地变富。"

贝佐斯说这是巴菲特给过自己的最好的建议。

慢慢地变富，这背后是持续思维。只要能持续，就不怕慢，这是复利思维中非常重要的一点。

我们还是将它放在个人成长里看，如果你现在的综合能力是1，根据你付出的不同，加上复利的作用，可能会出现三种结局。

第一种，你每天按部就班，按照惯性工作，停在舒适区，一点进步都没有，一年后你的综合能力是多少？最好的结局也不过是 1，能维持现状就不错了。你不前进，但别人在进步，你也相当于在后退。

第二种，你充满好奇心和求知欲，每天都处于学习状态，在工作上也会进行刻意练习，每日都处于精进状态，假设你每天成长 1%，一年后你的综合能力是多少？答案是 37.78（ $1.01^{365}≈37.78$ ）。

第三种，你不光不进步、不保持现有水平，还自甘堕落，在做本该做好的事时也各种敷衍，更别提学习和成长了，假设你每天退步 1%，一年后你的综合能力是多少？答案是 0.026（ $0.99^{365}≈0.026$ ）。

上面这三种算法，与金融领域中复利的计算方法一样，理论上正确，但不现实，因为你不会每天进步 1%，那强度和难度都太大；你也不太会每天退步 1%，那得多堕落啊。

但是，我可以非常清楚地告诉你，只要你每天努力一点点，不用多，就一点点，一年后也会得到很大的成长。如果你这样的成长状态能保持 3 年、5 年甚至 10 年，你会怎么样呢？你会远远甩开别人。

晨兴资本创始合伙人刘芹是一个很低调的投资人，他投资雷军的小米回报率超过 800 倍。刘芹认为，很多人享受不到复利回报，主要有两个原因：

第一，没有立大志，老是在原地做；

第二，没有持续、稳步地做，因为好高骛远，或者难以坚持。

刘芹说："我碰到太多比我聪明的人不够坚持，我碰到太多能力比我强的人不愿意做小事。我过去十几年其实每天都在做很小的事情，我只是连续做了十六七年而已。"

金融学家香帅说过："在复利增长的模型里，不怕增长率微小，就怕过度波动，因为这些波动会把你的增长吞噬掉。"

我们前面两点中说到，复利中两个非常重要的因素是本金和利率，其实还有第三个重要因素——时间。持续很重要。

凡可积累，皆有复利

如何更好地理解复利？复利与我们具体的工作、生活到底有多大关系？其实，复利效应每天都出现在我们身边。

用一句话来解释"复利"就是：凡可积累，皆有复利。能积累的东西，基本上就会有复利效应。比如选择的复利：一个人一生的命运，是其所有选择叠加的结果。

任何选择，都不仅仅会对当下起作用，还会对未来起作用，而且会一直起作用。你可以把这一点理解为复利。从复利这个角度理解，上面那句话可以进一步阐释为：一个人一生的命运，是其所有选择"叠乘"的结果。

如果我们都享受 2 倍的利率，同样的时间，什么决定了我们收益的不同？答案是本金。如果你把做一次选择当成交一次本金，你每一次本金交得比别人都多，那么你的未来收益就是别人的很多倍，不是吗？

比如知识的复利。什么时候，你可以享受知识的复利？答案是你掌握的某一领域的知识总量足够多的时候。

有个词叫"知识体系"，更通俗地说，它叫知识网，它对应的是知识点。知识点不够多的时候，它们就无法织成一张网。没有知识网的时候，当你掌握一个知识点，就仅仅是掌握了一个知识点；而当你有知识网后，掌握一个知识点，这个知识点会被缝合在那张网上，和其他 10 个、20 个、50 个、100 个知识点碰撞，产生新知识，让这张网越来越来密、越来越大。

这就是知识的复利效应，你每掌握一个新的知识点后，之前掌握的很多知识点就会和它进行"繁殖"。知识的积累最初是相加模式，掌握的知识多了，知识的积累就变成相乘模式。

如果你在一个领域成长得不够快，你可以尝试一下这个方法：每天如饥似渴地学习新知识，每天学、每天学，直到有一天，你在这个领域掌握的知识总量突破了某个限度，知识和知识开始形成节点和网络，你的那条知识复利曲线就会突破拐点，你的成长就会大幅加速。

所以，请记住：凡可积累，皆有复利。什么东西可积累？答案是：选择、知识、能力、资源、人际关系、信誉、信任、品牌，等等。

复利是一种思维。希望这种思维能变成你的意识，融入你的血液。人生中的收获无法被精确计算，但认知的魅力恰恰在于它不是公式，无法直接被套用，它只让少数掌握这种认知的人在复杂的竞争中脱颖而出。它服务的永远是少数人，因为大多数人对它不屑一顾。

思考

升级思维的目的是改变行动。在这一节中，哪些内容带给你的触动和启发最大？接下来你会做出什么样的改变？欢迎分享。

第五节　环境思维：人是环境的产物，你必须持续优化环境

什么是成长？一个人不断被激发潜能、不断升级自己的过程，就是成长。

如何激发一个人的潜能？给他目标，给他承诺，给他希望，给他荣誉，督促他，刺激他，鼓励他，这些都是具体的、直接的手段，是"看得见的手"。但还有一个顶级重要的因素，它是"一只看不见的手"，那就是环境。

环境对人潜能的激发作用是隐形的、缓慢的、潜移默化的，是最重要的，也是最容易被大家忽视的。而且越是普通人，环境这个因素对他所起的作用越重要。

曾经有个课题：决定一个人成就的各种因素中，基因因素更重要还是环境因素更重要？答案是，不一定。出身越好的孩子，基因对他的影响越大；越是普通人家的孩子，环境对他的影响就越大。

为什么呢？因为经济条件好的人家的孩子有足够的条件让自己充分发挥各种天分；而对普通人家的孩子而言，重要的不是他有什么样的天分，而是能否遇到让他发挥天分的环境，环境允许他发挥多少，他就发挥多少。

成长中的每一步都必须有相应的环境的配合，所以我们普通人更需要掌握环境思维，不断为自己优化环境。《菜根谭》里有句话："若言言悦耳，事事快心，便把此生埋在鸩毒中矣。"这句话的意思是，一个人如果生活在一种每句话都顺耳好听、每件事都称心如意的环境当中，就是把此生泡在毒液里。人是环境的产物，你浸泡在什么样的环境中，就会长成什么样的人。

物理环境：你的认知，会被物理空间改变

说到环境，大家最先感知到的是物理环境，这是对的，而且物理环境确实能改变一个人的认知。

吴伯凡老师讲过一个真实的故事。

吴伯凡有一个学者朋友，他年轻的时候书读得不少，思考也很多，但几乎没写出什么像样的作品。他自己苦恼，别人也奇怪。但一件看似无关的事改变了他，让他成为一个高产的学者。

他有个同学从国外回来，给他带了一个非常漂亮的古希腊陶瓶。他本身非常迷恋古希腊文化，所以对这件礼物爱不释手。可是他的房间里乱七八糟的，书桌甚至床上都堆满了书，陶瓶没处摆啊，但是他太想摆在眼前了，于是他开始收拾。

他先整理了书桌，整理完发现床上也乱得不成样子，又把床整理了，把

被子、床单都换了……这么一整个过程下来，他突然感受到了一种不一样的感觉。

后来，他整个认知都变了，房间里哪怕一个小角落出现一点凌乱，他都觉得很心烦、很刺眼，必须整理，他开始享受这种有序、有条理、整洁的状态，还养成一个习惯——每天在桌上放一张纸、一支笔，旁边是那个陶瓷瓶。再往后，他养成了一有什么想法就马上在纸上记下来的习惯，有时间再整理这些笔记，有了这些笔记的积累，写书就快了很多。

物理空间对人认知的改变被很多人忽略了，但实际上，自古以来，我们的认知都在被物理空间塑造，最典型的比如教堂、监狱、学校、商场等。

我们该如何对待物理环境对成长的影响呢？

你要学会设计你的物理空间。你的家里不要只有大的电视机、小的游戏机、泡茶或喝咖啡时用到的桌子。每个人的家里，空间再小，都不能缺两样东西：一样是书桌，另一样是书架。书桌和书架上也真的要有好书。不要说你不会读，你按我说的做，你早晚会读。

你生活的世界是你内在世界的投射和体现，反过来，你可以逼着自己改变客观环境，这种客观存在的生活世界也会反过来映射到你的内心，改变你的认知。

我特别感谢我姐，在我很小的时候，她就往家里买书，也不管我爱不爱看。她买了《红与黑》《羊皮卷》《人性的弱点》、巴尔扎克的作品，等等。我到现在经常能回忆起当时的场景，记忆里，那本厚厚的《红与黑》一直被扔在我卧室的上面，我每次拿起来翻翻看，都摸到上面落了一层灰，每次看一会儿，就觉得篇幅好长啊，算了吧，过段时间又会注意到它，又拿起来看看。过了好几年，应该也是因为自己长大了，竟然看得下去了，于是我花了一段时间把它读完了。我读高中时，我姐带我去过好几次新华书店，让我挑书。记得当时她给我买了名人中英文对照版演讲让我背，给我买了好多字帖让我练字。在我们那边的农村，这都是不寻常的做法。大人只会说，你要好好学习，但不会真的用行动优化你的成长空间。

我经常对我的学员说，周末出去逛街时，逼着自己多去书店和图书馆，摸一摸书，看一看读书的人，你早晚会喜欢上去那里。

在公司的办公桌上，你也要营造高效工作的空间，你要放上书、笔、记事本，以及各种能让你高效工作的物件，而不是零食、饮料。

这是微观层面的物理环境，宏观层面的物理环境同样重要。一个在山村长大的孩子，不太可能跟大城市的孩子一样思考问题，有可能的话，可以去大城市，去充满活力的城市，去正在蓬勃发展的城市，不要跟风喊"逃离北上广"，除非自己真的混不下去。

信息环境：你的输入，决定你的精神资源

精神资源将构成一个人的精神结构。精神结构会主导一个人一生的好恶感与羞耻心，以及他的愿望、梦想与恐惧，从而影响这个人后来所有的决定。

有一个传记片，讲一个男孩子看着猫王的表演，产生了羡慕与难过的情绪，心想：为什么他能做到这样？为什么我不能像他这样？这个男孩就是后来的约翰·列侬。

很多年前，武汉大学的一名大一新生看了《硅谷之火》，了解到乔布斯这些硅谷英雄们的创业故事，激动得好几个晚上没睡着觉，在学校操场

上一圈一圈地走，然后确定了一个模糊的目标：日后一定要干些惊天动地的事情，一定要做一个伟大的人。这个人就是雷军。

信息环境对人产生何种影响，取决于你选择用什么样的精神资源冲击你、裹挟你、武装你。

人和人是非常不同的，有的人会在上下班路上刷微博、看八卦；有的人则会听音频课；有的人会一边吃饭一边追剧；有的人吃饭时会读两篇收藏的好文章或者看看当天的财经新闻、科技新闻；有的人下班回家后会追各种娱乐节目、刷抖音；有的人则将下班后的时间用于读书、学习；有的人周末会约人打游戏；有的人周末则会约人逛书店、看展览、参加线下课。

时间对每个人都是公平的，但在同样的时间里，大家输入的信息是有天壤之别的。同样是读书，有人随手摸到什么读什么；有人觉得时间宝贵，读的每一本书都是认真挑选的。同样是听课、看电影、参加线下课，有的人随波逐流；有的人严格筛选，只输入最好的。

所以，要学会设计自己的信息环境，少追没有营养的剧，少刷劣质内容，少看垃圾电影，少"喂"自己娱乐八卦，多读好书、听好课、看好电影。同时，你的时间有限，你要提高输入标准。

圈层环境：群体智商比个体智商更重要

谨慎选择你的圈子，群体的智商比个体的智商更重要。

这点怎么解释呢？有个著名的分钱实验就可以解释。

实验时，把受试者分成两人一组玩游戏。同一组的两个人分别用 A 和 B 代称。游戏规则如下。

实验人员先给 A 2 元，B 没有钱。然后 A 要把钱分给 B 一部分，分多少都可以。不论 A 给 B 多少钱，实验人员都会把这笔钱乘以 3 后再给 B。比如 A 给 B 2 元，B 就会拿到 6 元。B 拿到钱后，可以选择回报一部分钱给 A，但一点都不给 A 也没关系。

这个游戏其实就是在模拟真实世界中的投资行为：我借给你一笔钱，你用这笔钱发展壮大后，再回报我。但是这个投资能不能做成，完全取决于双方的合作意愿。如果 A 不信任 B，或 B 不回报 A，投资就无法很好地进行。

研究证明，智商越高的人越愿意合作——高智商的 A 愿意给 B 更多的钱，高智商的 B 也愿意拿更多的钱回报 A，这就叫"双赢"。

这其实是一种博弈游戏。如果双方意识到将来还要打交道，就不至于做"拿了钱就跑"的一锤子买卖。聪明人对这种重复博弈的游戏尤其敏感。研究证明，在多次博弈的游戏里，如果 A、B 都是高智商的人，他们合作双赢的可能性会比低智商的小组高 5 倍。

聪明人选择合作，并不一定是因为他们更善良——可能是因为他们更理性，知道长期合作会赢得更多。任何人在这个社会上都不是孤立存在的，人和人在社会上的一切合作，都可以看作博弈。聪明人和聪明人的博弈通常是双赢，而且是长期的双赢。如果一个大群体中，聪明的人占比更高，这个群体每天都会创造许多双赢、多赢，创造价值的效率是惊人的。

如果你很聪明，做事水平又很高，但你在一个整体做事水平不高的公司上班，那你就很不幸了，与你合作的老板、同事、合作伙伴会拖你的后腿。在这种公司里，人们的合作水平通常是很低的，每一次博弈，大家想的更多的不是双赢，而是单赢；你和老板的关系也是博弈关系，格局小的老板更倾向于让你付出更多，同时给你支付更少的薪水。

这个理论可以解释很多现象。

像乔布斯、扎克伯格这类顶级聪明的人，都会给人才开高价，让他们留下来。聪明人都喜欢和聪明人合作，这样的公司就会吸引更多聪明人加入，最后这就会变成一个正向循环——这个公司里大多数人都是聪明的人才。

而一些老板在和人才博弈中总是有侥幸心理，希望自己多赢一点，结果就是优秀员工流失。优秀员工不断流失的结果是平庸的人占了大多数。这会导致团队陷入恶性循环——即便你招到一个优秀人才，他还是会很快离开，因为和他配合的人都很平庸，合作的流畅度之低会让他崩溃。

再举个更好理解的例子。

如果你是个老板，要生产一个产品，你的员工中有高手，也有表现一般的，你应该怎么给他们组队？

比如制造一部手机，假设有两步，两人各做一步，两人一组配合制造一部手机。假设高手的成功率是100%，一般员工的成功率是50%，现在你有4个员工，其中2个是高手，2个是一般员工，你会怎么分组？

答案是，将2个高手组成第一组，将2个一般员工组成第二组，两组各承担一半的生产任务。这样，第一组的成品率是100%，第二组的是25%，平均成品率是62.5%。如果你让一个高手带一个一般员工，平均成品率是50%。

但是，这是理想的分配情况。现实是，优秀的圈层里总是聪明人更多，聪明人的密度足够高时，聪明人搭配聪明人的概率会很高。否则你再优秀也没用，你的同事会降低你们的成品率。你在这个社会上不是单打独斗的，尽量把自己放在一个更聪明的圈层环境中吧。

行为环境：群体力量比自我掌控更有效

2019 年 4 月，我开始运营写作训练营，到 2019 年年底开了八期。每期的课程内容和训练内容都是一样的，你参加一期之后，实际上就会学到课程内容和训练方法，后续完全可以自己训练。但神奇的是，很多学员成了我们训练营的"钉子户"，即便每次都要交 799 元，仍有不少学员连报好几期，我们开了高阶训练营，他们马上又来报名。

他们要的是什么？他们要的是一群优秀的同学。但光有一群优秀的同学也不行，因为市场上有很多与写作相关的训练营和社群，但大家偏偏喜欢来我们这里。

很多训练营中虽然有很多优秀的学员，但大家在群里更多的是聊天、吹牛、联系能人。而我们的训练营除了鼓励同学们之间互相"链接"，更重要的是，会"逼"每个同学听课、写作业、写文章、互相提修改建议，等等。

也就是，我们打造的行为环境和其他训练营不同。即便是面对同一群人，我们也可以打造出不同的行为环境，整个行为环境会形成一股强大的群体力量，这种力量会牵引你做出同样的行为。

每个人都想做到自律。什么是自律？自律就是自己管束自己。其实这是不符合人性的，依靠群体管束自己才是符合人性的。

很多人参加过我的训练营后会进行成长复盘。我经常看到大家会写同一句话：一群人比一个人走得更远、更快。很多人在入营前根本不相信自己能 21 天不间断学习、不间断写作，但绝大多数人都做到了；很多人参加

28 天高阶写作营，根本不相信自己能完成 10 篇长文的写作，因为可能过去 3 个月都写不了 10 篇长文，但参加训练营的人中，90% 的人都做到了。

所以，自律不如"群律"。在成长的路上，你永远不要高估自我掌控的能力，永远不要低估集体行动的力量。如果有可能，你可以多参加一些学习型组织，参加前当然要注意筛选，要选择口碑好、能持续运营的、经过市场验证的组织。

以上就是环境思维的四要素，学完每一个，你都可以马上去实践，想办法去优化。

思考

升级思维的目的是改变行动。看完这节内容，你准备怎样优化自己的成长环境？请简单列一个行动清单。

第四章

看见和相信共进

第一节 迭代思维：用鲁莽定律开局，
用迭代思维持续行动

凡事先开局，不开局，就永远不得终局。开局可以不好，但要开，因为凡事靠迭代。

什么是迭代？我给你一个接地气的定义。迭代就是，你想去远方，但你不可能一步迈过去；你想去山顶，但你不可能一步登上去。你需要无数步，每一步都可以被称为一次迭代，每一次迭代得到的结果会作为下一次迭代的初始值，每一次迭代都是为了逼近目标。

我再举一个接地气的案例，这样你就更明白了。

从小，你爸妈给你定的一个长远目标就是，长大了上一所好大学。但他们知道要先把你送到幼儿园，然后送到小学，接着送到初中，然后是高中，最后才是送到大学。这就是迭代，每一次迭代得到的结果会作为下一次迭代的初始值，让你不断接近目标。

所以，迭代思维是早就被我们使用过的思维方式。但很不幸，大学毕业步入社会后，我们把这种思维扔掉了。我们开始心急，总想一步迈到远方，一步登到山顶。很可惜，我们做不到，所以很多人开始迷茫，不停地换工作，却都不如意，很多人到 30 岁就给自己下了一个定论：唉，我这辈子也就这样了。

迭代式成长：一生很长，起点不决定终点

关于成长，认清自己当下的位置很重要。条条大路通罗马，而有人就生在罗马。很多人并没有意识到这一点，总是盲目地跟别人比较，以至于怀疑人生、自暴自弃。

我经常告诉自己，我的起点很低，但没关系，起点不决定终点，我有耐心做一个大器晚成的人。大器晚成，并不是指自己要到 50 岁、60 岁、80 岁才能成事，而是告诉自己，要有耐心给自己补课，有耐心、有勇气一步一步地迭代。

我出生在山东一个落后的农村。在我人生的前 20 年，我为了高考一直都在背教科书。20 岁的我，没见识、没认知、没视野、没格局。我大学考到北京来，想在这个精英扎堆的城市参与竞争，我就必须要给自己补课。在整个大学期间，我拼命地阅读、体验、增长见识、丰富经历，和时间赛跑、给自己补课。当我毕业走向社会后，我的家庭并不能给我提供资源和方向，所以我也必须从底层做起。

有这样的认知很重要，这是你迭代式成长的前提。以下是我的 10 年迭代过程。

2010 年 9 月，我到北京读大学。大学四年里，除了努力读书，我兼职做过保安，在工地干过活儿，当过英语家教，开过淘宝店，卖过明信片。

2014 年 7 月，我毕业后在北京南锣鼓巷摆了 2 个月地摊。

2014 年 10 月，我应聘到北京西单商场的一家服装店，做了 10 个月服装店店员，月薪 5 000 元左右。

2015 年 8 月，我进入新媒体行业，开始做排版、打杂的小编，月薪 5 000 元。

2016 年 3 月，我获得内部升职，从小编变成了新媒体运营经理，月入 2 万元。

2017 年 3 月，我成功跳槽，成为一名新媒体讲师，同时担任公司内容副总裁，年薪 50 万元，我主讲的课程收入超过 1 000 万元。

2018 年 3 月，我辞职后开始运营自媒体，全力以赴地做自己的公众号 @粥左罗。5 个月后，我开始做广告业务、知识星球社群业务，以及课程服务，月入超过 20 万元。

2019 年 5 月，我正式拓展团队，从自媒体团队转型为公司，还拓展了业务，这一年，我个人累计收入达到 1 000 万元。

2020 年 3 月，我的团队人数为 12 人，我有了稳定的内容团队、课程团队、运营团队。我们计划在 2020 年内把向上生长学院的课程体系搭建完，我的年收入将突破 1 000 万元。

这是一场近 10 年的迭代，从很低的起点开始迭代，每一次迭代得到的结果会作为下一次迭代的起点，我一步一步稳扎稳打地走到了今天。

从我个人的角度来说，这场迭代才刚刚开始。一生太长了，我从来不会给自己下定论说，做到这样就差不多了。我每年都会给自己定一个迭代的方向和目标，同时在接下来的一年里耐心地执行，每年给自己升级一个版本。我相信下一个 10 年，我又会有一番新作为。

有人说："你为什么这么坚信事情会按照你想象的方向推进？"其实并不是我坚信什么，我不知道终局会怎样，但我坚信一个常识、一个朴素的道理——有些事是必然会发生的，比如只要持续按照正确的方式做正确的事，你一定会越来越好，这难道不是必然会发生的吗？

迭代思维之所以重要，是因为太多人看不清两件事。

一是看不清自己当下的位置，总是给自己设定与当下能力不匹配的目标，然后反复被现实打击，直到自我怀疑。

二是看不清事情的演化规律，总是给自己设定一个不合理的推进计划，让自己在整个过程中屡屡受挫。

每个人在成长中，都要用迭代思维来看清当下、看到未来。

迭代思维：用鲁莽定律开局，你就成功了一半

迭代思维要驱动的第一步是开局。没有出发，就无法抵达。

如何开局？下面讲一个我成长过程中的关键节点。

2015 年 8 月，我进入新媒体行业；2016 年 5 月 20 日，我注册了个公众号，兼职运营了一段时间后，以失败告终；2017 年 3 月，我重新运营我的公众号，兼职运营了一段时间后，又以失败告终。

自 2015 年起，我一直梦想着能做出一个完全由自己说了算的公众号，我手写我心，只做自己相信的内容。经历了两次尝试、两次失败，转眼到了 2018 年春节前，那是我内心最纠结的一段时间。

当时我已向公司提了离职，但离职之后怎么办？我要么再次尝试做自己的公众号，这次全职做；要么重新入职一家新媒体公司，继续赚高薪。

我内心倾向于选择前者，但又担心风险太高。

第一，没了大平台的扶持，我还行吗？第二，前两次运营自己的公众号都失败了，2018 年显然更难了，在这样的情况下，第三次我能成功吗？第三，我以一个知名新媒体讲师的身份独立出来全职做号，如果失败了，岂不是天大的笑话，我还有资格继续教别人写作吗？

那段时间，我一直拿着本子写写画画，反复推演"我到底该不该去做、能不能成"，经常失眠到下半夜，焦虑得不行。你知道的，人一旦纠结起来是停不下来的。

特别幸运的是，2018 年 2 月 6 日那天（对，我记得特别清楚），我在朋友圈看到一篇文章，点开后被脱不花的一段话"击中"了，她说："人生总有很多左右为难的事，如果你在做与不做之间纠结，那么，不要反复推演，立即去做。莽撞的人反而更容易赢。因为如果不做，这件事就永远是停在脑中的'假想'，由于没有真实的反馈，诱惑会越来越大，最终肯定会让你后悔。而去做，就进入了一个尝试、反馈、修正、推进的循环，最终至少有一半的概率能做成、不后悔。"

读完后，我热血沸腾，心里涌起一句话：干！

我马上在电脑桌面上新建了个文件夹，名字就叫"干出一个新世界"，然后新建了个文档，开始写账号规划，规划名字、定位、简介、冷启动策略、核心增长逻辑……

从纠结要不要干到直接开干，一直走到今天，我没有停下，也不再纠结。虽然这个号还远没成为我想要的样子，但我已经在靠近它理想形态的路上走了 2 年。肯定不能说这个号变成今天这样是因为那句话，但你要明白：认知决定行动，那句话一下子升级了我对做事的认知，启动了我的规划，就像发动机打着火一样。

后来每当我因一些决定纠结的时候，比如 2018 年 8 月，我一直纠结要不要做知识星球社群的时候，我就会回想起鲁莽定律。

人生的很多阶段中，很多人本来都有能做成一些事的机会，结果却在反复推演和漫长的纠结中让时间溜走，让机会变成别人的，最终让自己后悔。很多做成事的人在做那件事的时候，胜算可能反而不如你大，但人家敢想敢干，就这么干成了。

做大事者不纠结，成大器者不磨叽。那些莽撞的人反而更容易赢。先干起来，才能一步一步逼近成功。如果你不开始干，你脑子里就都是在论证"要不要干"。而你一旦开干了，你就开始了对"怎么干好"的论证，也就是你一旦开局了，就进入了迭代模式，每多干一步就离成功更近一步，因为问题都是在做事的过程中一个一个被解决的，空想不能解决任何问题。

所谓成事，就是用鲁莽定律开局，用迭代思维持续行动。

质量迭代：起步不求高分，持续迭代到高分

迭代实际上分为两种：一种是质量迭代，另一种是体量迭代。两种迭代，打法不同。下面，我们先来讲质量迭代。

先问一个问题：产品一定要做到 85 分才能推广吗？十点读书创始人林少的看法是否定的。他说："我觉得不是。我觉得产品是逐渐迭代的，比如我们这个产品现在可能是 60 分，没关系，先上线，先去获取用户，让用户来使用我们的产品。然后接受他们的意见，不断改进，不断迭代，直到从 60 分变到 80 分，再到更高分。"

令我悲伤的是，我想到了我的一本书，那是一本教公众号运营的书，其实 2017 年年初我就写完书稿了，之后书出版后竟然没有公开销售，所

以这本书就没有在京东、当当、天猫等平台上售卖，只是卖给学员和企业客户。

心痛。

我在 2017 年 8 月~11 月又迭代了一版，书稿完成了。结果，这本书拖到 2018 年 11 月才出版上市，但销量很差。

心痛。

做事的时机是非常重要的。范卫锋在 2015 年出版了《新媒体十讲》一书，由此奠定了他的行业地位，他被称为"新媒体参谋长"，后来做内容投资做得很好。

2017 年年初，那是一个人人都想做公众号的时期，如果那时候我的书正式上市，一是我的书可能会卖得很好，二是我和公司的品牌形象都会得到很大的提升。

2018 年年底，我要独立做自己的书，于是请教了出版行业的一个前辈——王留全老师。我问他说："我想写一本写作领域的经典书，应该怎么办？"王老师说："经典是沉淀的结果，你要快点先出一版，然后每隔一两年迭代一版，最终有可能成为经典书，你现在要卡位，不能憋着。"

所以，在做那些时间窗口比较重要的事情时，你不要想着憋大招，起步不求高分，要持续迭代到高分，你要先卡位，吃红利。2019 年 6 月，我的《学会写作》出版了，到 2019 年年底已经卖了近 4 万册，第一版当然不够完美，但是我可以持续地迭代、再版。

个人成长也是如此。

我创业后组建了内容团队，招了 5 个人，最终只留下 2 个人。在离开的 3 个人中，有一个在我们这里待了 2 个月，却只发了 3 篇稿子。离开之前，我跟他深聊了一次。我对他说："你的文笔不错，语言驾驭能力是有的，你接下来可以继续从事写作工作，但你不适合我们这里。"

为什么呢？我们的公众号已经是一个大号了，平均阅读量达 3 万以上，每发出一篇文章就可能有 3 万人看，所以我们对稿件的要求很高，必须是 8 分以上的稿子，否则就"毙"掉。他虽然有机会成长为能写出 8 分稿件的作者，但他当时的水平只能写出 6 分稿件，这就意味着他会不断被毙稿。如果没有机会发稿，他就没有机会从 6 分迭代到 8 分。迭代需要将文章一篇一篇地发出来、收集反馈、优化成长，他在我们这里没有迭代的机会。

所以，我给他的建议是，找一个体量暂时没那么大的、对稿件要求暂时没那么高的平台，去写大量的稿件，一篇一篇地发稿，迭代自己的能力，这样一年后，他可能就是一个很优秀的作者了。

我给他看了我 2015 年写的很多稿子，我当时的写作水平还没他高，但是当时我们平台的要求没那么高，所以我就可以在那里拼命地通过写稿练手。写了一百多篇文章之后，能力就迭代、提升了。如果我入行时就加入一个对我要求很高的平台，可能我也没机会迭代，甚至还会被判定为吃不了这口饭。

这就是质量迭代。它的特点是，起步不强求高分，持续迭代到高分。

体量迭代：起步不求规模，持续迭代成规模

如果你要开餐馆，你是会直接推出很好吃的菜，还是说管它好吃不好吃，先上了再迭代？你肯定会采用前一种做法吧。

开餐馆肯定不能用质量迭代法，菜品一推出就应该是 85 分以上的，否则客户和市场都不会给你迭代的机会。

为什么林少说产品只要达到 60 分就可以上线？一个人说什么，跟他过

去的经历、路径有关。拿林少来说吧，他是公众号 @ 十点读书 的创始人。

十点读书第一次推送文章是什么时候？ 2012 年 11 月 26 日。微信公众号是哪天上线的？ 2012 年 8 月 23 日。也就是微信公众号上线仅 3 个月，十点读书就开始运营了。那时候仅靠摘抄一些美文、鸡汤段子，将它们发在公众号上就可以涨粉。林少说，2018 年之前，他们几乎可以说是躺着赚钱的。

俞军说过："当你找到一片蓝海，找到一块用户体验为零的领域，你需要做的是什么？你是要把用户体验做到 100 分再发布产品，还是做到 60 分就快速铺开市场？"

当然是后者，攻城略地，速度第一。这是在蓝海市场用户红利期时的策略，你要充分利用先发优势。

这就是为什么林少说产品只要达到 60 分就可以上线，因为 2012 年的公众号运营市场就是绝对的蓝海市场。如果今天林少想再做一个新公众号，将文章写到 60 分就推送，那他有机会做起来吗？完全没有。

时代变了，如今公众号运营市场是红海市场，你做 60 分的东西、同质化的东西，基本上是死路一条。你必须做 80 分甚至 90 分的内容。为什么？因为现在获取用户要靠竞争。

在蓝海市场竞争，就像你在人挤人的广场上开了一家店，你一开门就有用户涌进来。

在红海市场竞争，就相当于你在店挤店的广场上开了一家店，你必须想办法让用户在多家店里选择你的店。

同理，在公众号用户红利期，用户会从别的地方流入公众号生态系统。如今，用户是从一个公众号流入另一个公众号，在公众号这个生态系统中进行内部流动。

如何让用户流入你的公众号？比如，你面前有很多条河，你也挖了一条河，想把别人河里的水引到自己河里，那你就要问：水什么时候会流动？答案是有落差的时候。做公众号、做内容也是如此，你的用户价值越大，用户体验越好，你的河床就越低，这样，用户往你这里流的概率越大。

俞军说过一个公式："用户价值＝新体验－旧体验－替换成本"。公众号的竞争，已经从增量竞争变成了存量竞争。如果你今天要做内容，就要做 80 分以上的内容，只有这样才能塑造品牌、制造口碑。

实际上，这就是质量上一步到位，体量上逐步迭代，也只有质量上一步到位了，你才有机会在体量上迭代。我做了很多后来者居上的事情，都是用"口碑启动，体量迭代"的思维实现的。

比如做公众号，我 2018 年 3 月才开始做，但是我不追求更新频率，不追求发文数量，我只追求用户看完一篇期待下一篇，就这样启动了体量的迭代。现在我的公众号有了 76 万用户，我才反过来追求更新频率和发文数量。如果一开始发文质量不高，我没有机会做质量迭代，用户就会直接取关。

再比如做写作训练营，我 2019 年 4 月才开始做，几乎算是行业内最晚的，但是我们从第一期开始就是重度运营，获得了很好的口碑，就这样启动了体量的迭代。2019 年，我们连续开了 8 期写作训练营，同时还开了 3 期高阶训练营。2020 年，我们每一期招生都比 2019 年顺利。

这就是体量迭代的思路：起步不求规模，持续迭代成规模。靠什么启动体量迭代？答案是质量和口碑。

人生是一场马拉松，起点不决定终点，我们要用迭代思维持续优化我们的人生。做事也不是一锤定音，开局不决定终局，我们要用迭代思维持续迭代质量和体量。

> **思考**
>
> 升级思维的目的是改变行动。看完这节内容，你最想启动并开始迭代的一件事是什么？为什么？

第二节　动态思维：你看见的都是静态的，
　　　　判断都应是动态的

什么是动态思维？动态思维的反面是静态思维。拥有静态思维的人看到的是现状和结果，拥有动态思维的人看到的是演化和路径。静态思维关乎当下，动态思维关乎未来。拥有静态思维的人看到的是不变，拥有动态思维的人看到的是变化。

看见的都是静态的，判断都应是动态的

有一天，我接受了 2 小时的采访，谈了谈我这几年写作历程的变化，我发现我的写作之路大概分为三个阶段：

第一阶段，整编信息和追热点能力强；

第二阶段，套路写作和模仿写作能力强；

第三阶段，原创价值输出能力强。

我总结完就想起，在第一阶段，也就是我刚进入写作行业一年时，不

少同行都看不上我写的东西，说我这个人没有原创能力，只会追热点和整编信息。当时我是我所在的内容组中做 10W+ 爆款文章最多的，但很多人觉得我没什么能力，未来不会多厉害，只是占了传播技巧厉害的优势而已。

我当时挺不服气，但没有多说什么，因为从静态的角度看，确实如此。不过从动态的角度看，他们忽略了一点：我会在保持新媒体传播技巧优势的同时，一年一年地提高原创价值输出能力。

一晃 4 年过去了，当初瞧不上我的人都无话可说了。其实我也犯过这样的错误，老是从静态的角度去判断一件事和一个人。最初我做新媒体讲师时，就对一些同行不服，我也会判断他们做不长久，因为我心想：你们专业能力不够，讲的课质量太差，也就暂时凭着你们的包装能力和营销能力把课卖好了而已，未来一定属于我这种认真把课程做好的人。

从动态的角度看，我忽略了一点：他们会在保持自我包装能力和营销能力的同时，一年一年地提高专业能力和课程质量，等到他们把专业能力和课程质量提升上来之后，竞争力就会进一步提升。

火枪刚被发明出来时，射箭的人说："火枪虽然使用方便，但那杀伤力太弱了，还不如箭。"射箭的人忘了，火枪在保证方便性的同时，杀伤力也在一年一年地提高，等杀伤力提高后，射箭的就被淘汰了。

汽车刚被发明出来时，就遭到了马车车夫的嘲笑，可是汽车被马车车夫嘲笑的地方一年一年改进后，马车就被淘汰了。

当做一件事需要 A、B 两种能力时，你可能 A 能力挺强、B 能力也挺强，但有个人 A 能力超强、B 能力很弱，他的综合能力竟然有超过你的趋势，这时，你就很容易瞧不起别人，心想：他先把 B 能力提升上来再说吧！

但我问一句：他把 B 能力提升上来之后，还有你啥事，你不就直接败给他了？

面对竞争对手时，不要笑话对方的弱点。如果你足够理性，你就要想：我现在之所以比他厉害，是因为他有那个弱点，如果有一天他克服了那个弱点，我还能赢他吗？

如果你的答案是"不能"，你还笑得出来吗？当然笑不出来，因为对方可能正在默默地克服那个弱点。

动态思维首先是一种判断思维，要求你学会在变化中看问题、看自己、看别人，以看清自己的位置，提高自己的竞争力。

历史学才是未来学，过程学才是结果学

从高中起我就喜欢读人物传记，喜欢看俞敏洪、马云这些商业人物的经历故事。上大学时，我读了《林肯传》《富兰克林传》等名人传记。从事新媒体工作后，我喜欢写人物稿。所有这些喜欢都指向一个原因：我喜欢研究强者，学习强者。

多数人只盯着强者的风光，而我喜欢研究他们的过去。我喜欢看一个人的过去，研究一个人一路走来的过程。若只是用静态的眼光看一个人的当下，你看到的再多，也不算有洞见。洞见是看到未来，你只有研究一个人的过去，看清他一路走来的演化路径，你才能见人所未见，甚至看到这个人将去向何方。

所有去处，都有来路。历史学才是未来学，过程学才是结果学。

从 2018 年 3 月到 2020 年 3 月，我做公众号还能"杀出一条血路"，积累近 76 万用户，取得这样的业绩我只靠写作能力吗？很多爆款文章写

手都尝试过自己做号，但一败涂地。

那为什么我成功了呢？你去看我的过去。

除了写文章，我从 2016 年起就开始研究大量的公众号，我拆解过一条、大象公会、十点读书、黎贝卡的异想世界、差评、胡辛束、孤独大脑、生煎孢子、李叫兽、剽悍一只猫、papi、日食记等数百个账号。

2017 年，我写了两门教公众号运营的课。关于怎么做号、怎么运营号，我讲了一年的公开课和企业内训课，当然，这期间我也坚持写作练习。

所以，我除了会写爆文，还比大多数会写爆文的作者更了解如何创建一个号、打造一个号、运营一个号。从定位到启动，从涨粉到留存，从运营到变现，这一整套的打法以及在什么阶段用什么策略，我都非常清楚。

很多以为我只是通过写爆文把号做起来的人，都没有研究过我的过去。但我当年研究那些号主是怎么做号时，是拼命、使劲地深挖。

他什么时候注册了号？

他什么时候推送了第一篇文章？

他在冷启动时都做了哪些准备工作？

他第一篇爆款文章写于何时，写的内容是什么？

他第一个 1 万粉、10 万粉是如何获得的？

他做号过程中有什么关键节点？

他是什么时候开始组建团队的？

他是如何给公众号定位的？

他是如何持续生产内容的？

他平时是如何学习、成长的？

他多大了？他是学什么专业的？

他过去的职业经历是怎样的？

任何领域都有不少大咖，他们分享自己的成就时，你可能会羡慕得不得了，他们大多在讲成功的事迹，不讲凄苦的经历。说实话，这也是因为大家爱听成功人物的故事。

很多人羡慕我可以上台讲课，有去大企业讲课的机会，并且我的网课也有大平台帮忙推广。但你知道我是怎么一步步走过来的吗？

我一开始只是在微信群给人家做分享。第一次做群分享时，我讲了半小时，此前准备了好几天，写了逐字稿，然后在家里一遍一遍操练。在微信群做分享次数多了，人家觉得好了，才给我做录音课的机会。录音课做得好了，人家才敢让我做露脸直播课。人家也不是一上来就敢让我去讲线下课，而是先免费招一帮人，找个小场地，让我免费给大家讲，觉得我行了，才敢让我出去讲。

所以，比起强者们当下的成功，我更关心这些人最初是什么样的、这么多年来他们是怎么一步步走过来的、是什么给他们带来了今天的成就，这些才是真正对我有价值、有指导意义的。

学习是为了看清未来，拿到结果。动态思维就是一种很好的学习思维，它会告诉你：历史学才是未来学，过程学才是结果学。

用静态的眼光看自己，用动态的眼光看自己

处在群体中的人总是喜欢比较。这种比较是人们情不自禁就会做出的，没有人能避免。我们喜欢比较，却又不懂如何正确地比较，所以比较成了很多人焦虑和痛苦的来源。

"为什么他和我同样年龄，他却这么厉害？""为什么他懂得这么

多？""为什么他逻辑思维能力这么强？""为什么我不如他？"

为什么很多比较意义不大？因为两个人的构成要素差太多了，这就导致多数比较不对等，成了自讨苦吃的比较。

第一种自讨苦吃的比较源于忽略专业维度：你跟职业写手粥左罗比写作能力，粥左罗跟专业的滑板运动员比滑板技能，相当于韩寒和潘晓婷比台球技能，潘晓婷和韩寒比赛车技能。大家都有各自的职业，也有各自擅长的东西。我写作能力比很多人强，但很多人的资源整合能力比我强、销售能力比我强、管理能力比我强。专业维度不同的人，与其互相比较，不如互相学习。

第二种自讨苦吃的比较源于忽略时间维度：你是职业写作者，粥左罗也是职业写作者，你才写了半年，你和已经写作4年的粥左罗比，就是自讨苦吃；粥左罗是业余滑板选手，你也是业余滑板选手，粥左罗滑了4年，你滑了10年，粥左罗和你比，就是自讨苦吃。时间维度不同的人，与其比较，不如学习。

与人比较，不如与己比较。

"现在的我，肯定不是这里最好的。现在的我，是更好的自己。"第一句体现了暂时忽略与人比较；第二句一个"更"字，体现了与己比较。A的写作能力可以打7分，你的写作能力可以打6分，你一比较就会不开心。但两个月前，你只能得4分、5分，所以现在你虽然得了6分，但其实你进步很大，你难道不该开心吗？

与人比较，要拿与你处于同阶段的人比较。与己比较，是拿现在的自己和过去的自己比，看自己是否进步。如果你非要与人比较，千万要加上时间维度，进行同阶段比较。

比如A写作5年了，写得很成功。你写作才1年，写得不够好。你若非想跟 A 比较，应该怎么比？

第一，你应该拿现在的自己和 4 年前的 A 比。

第二，你应该拿 4 年后的自己和现在的 A 比。

这种比较才有意义。除非你天赋异禀，否则你凭什么拿 1 年的奋斗成果和人家 5 年的奋斗成果比较？

什么是用静态的眼光看自己？答案就是只看当下的自己，并且拿当下的自己和当下的别人做比较。可是，当下的自己表现差，不代表你过去一年没有进步，更不代表一年后你还是如此。

什么是用动态的眼光看自己？答案就是加上时间维度，既看当下的自己，又看过去的自己，还要展望未来的自己。如果你现在表现很差，可是你在持续不断地进步，你还会不开心吗？不会，因为你知道两年后你会很成功。

看别人时，要用动态的眼光看，不要用静态的眼光看。你不要盲目地觉得一个人很优秀是因为他 3 年前水平就是这样的，3 年间他没进步；你更不要小看一个现在还寂寂无名的人，很可能他在持续不断地快速进步，两三年后就会赫赫有名。

所有判断都应该加上时间维度，所有学习都应该挖掘演化过程。世界是变化的，成长是动态的。我们要用动态的眼光去看待任何事物，用全局观去看待问题，更客观、辩证地看待自己，更充满信心地面向未来。

> **思考**
>
> 升级思维的目的是改变行动。看完这节内容，请反思一下，你在看待哪些问题时犯过用静态的眼光去看待的错误？你在哪些方面进行过错误比较？

第三节　长期思维：越对未来有信心，越对当下有耐心

如果一个人没有长期思维，没有耐心，开始急躁，他一定是要开始走下坡路了。因为凡事都需要付出，没有耐心的人会害怕付出，没有付出必然没有回报。

我们大多数人都不是含着金汤匙出生的，背景一般，资源一般，起点不高，但我们不必羡慕那些年少就功成名就的人，我们可以按自己的节奏成长，即使我们晚一点找到适合自己的事业，晚一点成功也可以。

人生是一场马拉松，它足够长，人的平均寿命变长了，所以人生不是太短了，而是太长了，长到每个人都有机会做成自己想做的事，成为自己想成为的人。

这个过程中最重要的，不是谁走得快、谁的步子大，而是谁更具持续性和稳定性、谁始终在走上坡路。不如意时不认命，始终怀有希望；小有成绩时不满足，始终给自己更高的追求。坚信长期价值，耐心地做时间的朋友。

时间系统：因为看见，所以相信

长期思维的第一个关键词是时间系统。

时间系统要求你有面向未来的耐心，耐心一直对我帮助巨大。

我可以在咖啡馆里从早上 10 点坐到晚上 10 点，吃喝都在那里，只为写好一篇稿子；我可以为了写好一篇稿子，用两三天准备十几万字的素材；我可以花整整 6 个月的时间只写一门课，然后再花 3 个月的时间迭代一版……

人有耐心意味着什么？它意味着，你心无旁骛，你相信价值，你不焦虑、不急躁、不盲目地跟别人比较，你有自己的节奏，你愿意投入精力，做让自己骄傲的事情。

我最有耐心的那三年，正是我成长最快的三年。

有耐心的人采用的是过程思维：相信时间的力量，明白真正的成长需要长期的付出，明白做一件事没有捷径，必须耐心地打磨每一个重要环节，明白一个人完成大的飞跃都需要一定的周期，明白结果是过程的结果。

没耐心的人采用的是终点思维：总是希望快点看到结果，不管最终效果怎样，总是希望更快地做完一件事，任何需要长期投入才能有收获的事情都会让他急躁。没耐心的人更看重短期效果，等不了长期价值。

我跟一个创业的朋友探讨这个话题时，他说："你有耐心，本质上不是你相信耐心能带来什么，而是你提前看到了那样的结果，所以你敢有耐心。那些没耐心的人之所以没耐心，是因为他们看不到、看不清未来的那个结果，他们不敢轻信耐心。"

他的话是有道理的，很多人都是这样的，想付出，又担心付出没效果：想学写作，想学写代码，想学英语，想学 PS（修图），想学吉他，想学舞蹈，但怕自己学一年也学不好，结果呢？很多人在纠结中度过了一年、两年，但一点都没学、没做。

如果你一开始选择相信，耐心地去做，是不是今天可能不一样？

我为什么有耐心？我是因为看见，所以相信。但这个"看见"，并非真的看见，而是我看懂了时间系统的运行规律。

我有个朋友在运营一个公众号，日常推送以转载为主。有一天，她在一个很喜欢的公众号上挑了一篇质量、阅读量都很高的文章，转载到自己账号上后阅读量却很低。她不服气，第二天又挑了一篇同类型的文章，阅读量依然不高。

我说："你现在再努力，也改变不了现状。因为现在你发的文章的阅读量，是由你过去给人的印象决定的。你过去半年发的都是'震惊体''夸张的标题''鸡汤文'，这就决定了当下你发这一类文，阅读量才会高。如果你现在坚持发高质量干货文，暂时阅读量不会高，但 3 个月后阅读量会高。"

对时间系统的运行规律更接地气的解释是：如果我现在不够格，那么我现在再努力地学习，也还是不够格，因为我现在不够格是由我的过去决定的，我现在努力学习，是为了一年后够格。

时间系统是这样起作用的：当下的结果是过去决定的；当下的努力会在未来见效。很多人说自己明白这一点，但现实中我看到的是很多人不明白这一点。

比如在我的社群里，经常有人问我："粥老师，我最近在练习写作，为什么我怎么努力都写不好？"

如果这些同学真的明白时间系统的运行规律，就不会问这个问题。

你现在写不好，是过去你没好好练习导致的。而让你现在努力练习，不是为了现在就能写好，而是为了让你半年后写得好。很多人不明白时间系统的运行规律，干什么都没有耐心，比如：

写作，写了两个星期写不好，放弃了；健身，练了两个星期还没腹肌，放弃了；护肤，搞了两周，皮肤还是那样，放弃了；看书，看了一个月看不到进步，放弃了……

你看到的所有现象都有时间延迟。而技能的学习、能力的养成、个人的成长，延迟周期可能都不短。

如果你深刻理解了"过去、现在和未来"这个时间系统的运行规律，你就能提前看见在这个系统里按照正确的方式做正确的事的结果，你就会相信耐心，最终你就会"因为相信，所以看见"。

长期思维的具体表现就是，一开始是"越对未来有信心，越对当下有耐心"，然后是"当下越有耐心，未来越有信心"，最后是信心和耐心并存，看见和相信共进。

复利系统：累加周期越长，复利效应越明显

长期思维的第二个关键词是复利系统。

很多事情无法累加势能。你这次买彩票中没中奖和你下次中不中奖毫无关系；你搬了一万块砖后，再搬一块砖要用的力气丝毫不会减少；你喝了一万杯咖啡后，再买一杯咖啡一样要付一杯的钱……

幸运的是，有很多事情可以累加势能，产生复利效应。

1 650 多年前，有一位叫乐尊的僧人来到敦煌。他在山脚下休息时，被夕阳照耀下的三危山所震撼，于是决定留下来。他请人在山上开凿石窟，用以

修行，这是敦煌的第一座石窟。从此之后，无数后继者继续来开凿石窟，雕塑佛像，绘制壁画，这就是世界文化遗产莫高窟的来历。

莫高窟这一传世作品的创造者都是普通的工匠。他们画的每一笔、刻的每一刀，如果没有汇入这条长期主义的大河，所有的努力都会随风而逝。但好在这些努力都汇入了长期主义的大河，产生了极大的复利效应，最终沉淀成中华艺术瑰宝。

长期主义的复利效应到底有多强？我刚才举了一个大工程的例子，现在我再给你讲一个小工程的例子——一把小提琴，斯特拉迪瓦里小提琴。

斯特拉迪瓦里小提琴是乐器中的稀世珍宝，据说300年前被做出1 000把左右，这一批现在存世500把左右，1711年左右黄金年代的也就几十把。从17世纪以来，该琴为人们所渴求，被银行、基金会和富有的收藏家所收购。

许岑老师有幸拉过一把黄金年代的小提琴，价值可能高达1 500万美元，拉了约4分钟。

这种琴为何值天价？因为不可复制。这种不可复制一方面体现在制琴师和制琴技艺是独特的，但这不是最重要的，最重要的是另一方面——时间的赋能。

这种小提琴最大的竞争壁垒是由一代代顶级演奏家所筑就的。小提琴的声音特色很大程度上由共鸣决定，在小提琴上摁出的每一次音准精度，累计起来形成了对小提琴木头的共鸣训练。用一支好弓拉琴和用一支坏弓拉琴对琴的共鸣训练不一样，在音乐厅演奏和在家里演奏对琴的共鸣训练也不一样。一代代顶级演奏家，用一支支好弓不断地在演奏厅演奏它，再加上名家的演奏量和练习量无人能及，所以琴就这样被一代代名家塑造了出来。

所以，这种琴是无法复制的。这就如同你用今天最好的建筑技术仿建一座古建筑是徒劳的一样，我们唯一能做的，是等待三五百年甚至上千年，让今天的建筑变成古建筑。

长期的累积，时长就是壁垒；时间对每个人又是公平的，所以你几乎无法打破壁垒。

写这部分内容时，我已经写作近 5 年，写作量达四五百万字，我给广告主写文章并发布文章的价格是 6 万元一篇，这是写作经验经过 5 年累加的结果。我给我的同事翻出 2015 年我刚开始写作时的文章，那时的文章简直是垃圾；再看 2016 年的，水平好点了，但还是一般；再看 2017 年的，水平已经超过很多人；来到 2018 年，我写的文章被众人认可，我做了自己的公众号；再到今天，我想出书时，出版社会匹配良好的条件和资源来合作。

如果我在 2017 年放弃写作了，那我 2015 年写的垃圾文章就是真的垃圾，但我一直没放弃，所以最初的垃圾文章仿佛比黄金还贵。我没有放弃，因此我写的每一篇文章都是下一篇写得更好的文章的垫脚石，这就是累加的力量。

我在写作的 5 年中，身边不断有人和我一起写，然后放弃，又有一批人和我一起写，又放弃。我见过很多天分不错的作者，他们如果和我一样写到今天，靠写作获得高收入实在太轻松了，但他们放弃了、转行了，技能没有累加，如今他们做别的收入不高，想再写作又要经历时间的累积才能获得高水平，他们等不了。

我举的是我写作的例子，其实读书、学习、成长、职业发展都是如此。在一个领域里深耕，让每一份付出都累加下去，你会越来越优秀，而且提升的加速度也会变大，因为有复利效应了。

长期主义的累加策略要求你不仅要坚持你想做的事，而且不能中断，因为一旦中断，前功尽弃。

战略耐性：忘记短期稳定，追求持久繁荣

长期思维的第三个关键词是战略耐性。

耐性体现在持续做一件事的耐心上，战略耐性体现在，在当下做布局和选择时更面向未来。人的一生很长，职业生涯很长，长到让你可以遇见很多机会，长到让你知道一时的稳定是靠不住的。在时间的长河里，一切都在不断地被打乱、被重组。

如果把自己的一生当作一个企业来经营的话，我们不妨先思考：一个企业如何持久繁荣，成为千万个企业中长盛不衰的明星公司？不同企业有不同的方法，未来的结局也注定不同。

比如阿里，2016 年 6 月 14 日上午，马云在阿里巴巴投资者大会上，面对 200 多位全球投资者和分析师，发表了近 4 000 字的演讲，聊阿里巴巴的野心、远景、使命。

演讲中，马云这样回答了我上面说的问题：永远要想下一个 10 年做什么，因为任何互联网模式可能都不能繁荣超过 3 年。所以，马云把阿里巴巴的业务做成矩阵，轮流上阵，让旗下每个业务板块轮流繁荣。

马云说，阿里云应该在 2019 年收获，菜鸟网络应该在 2023 年，这些都是阿里巴巴 10 年前种下的种子。

比如联想，和阿里巴巴着眼于未来的布局相反，联想曾试图集中资源

在手机市场。

2016 年，杨元庆在接受采访时说，联想 PC 不但是全球第一，而且还有 5% 以上的净利润，如果联想智能机的市场份额能像 PC 一样（20%），那就是近 1 000 亿美元。

那时候的杨元庆仍然把联想集团业绩增长的希望放在智能机上，并且集中投入了很多资源，而当时全球智能机的销量增速已经明显放缓。

比如亚马逊，亚马逊 CEO 贝佐斯说过："你犯的错误需要随着公司的发展壮大而变大。如若不然，你就无法进行相应的创新，就无法推动公司更快地向前发展。"

我第一次听到这句话的时候感到震撼。细想一下，其实他是在讲长期思维，如果你未来想领先别人，你就必须自断稳定，不停地往舒适区外闯，用创新的先发优势及其核心竞争力去做一个领头羊，而创新在某种程度上就是大胆地试错。贝佐斯的意思大概就是这样。

任正非说过，大机会时代，一定要有战略耐性。人如企业，且人的生命比大部分企业的寿命更长，与其追求短期稳定，不如追求持久繁荣，这就要求你在个人发展过程中也要有战略耐性。

比如找工作的时候，一份稳定的工作月薪 8 000 元，一份充满挑战的工作月薪 5 000 元，你会怎么选？若不认真想，你会认为选后者肯定是找罪受、自虐。但是，在做每一个选择时，你一定要看未来的发展前景。具体来说，那份稳定的工作有没有前景？能不能让你不断成长？

你应该问：哪份工作中重复性劳动占比大？做哪份工作可以让自己一直增长新知识、新技能？这份工作是否能帮我找到下一份更好的工作？在找每一份工作时，你不应该贪图当下的稳定，而要看它能否培养你的未来竞争力。

比如在工作过程中，我们是否有这种意识：以最快的速度做完标准化的机械性、重复性工作，用剩下的时间死磕那些非标准性、可以无限逼近完美的工作？当然，工作性质并不是只有这么极端的两种，但它总有倾向性，我们也要有倾向性，以便为下一步做准备。

比如在一个工作岗位上，"做什么""怎么做""怎么做才能做得更好"，这三点哪个最重要？我们总以为"做什么"是显而易见的工作职责，每天要想的当然是"怎么做"和"怎么做才能做得更好"。但其实当我们做到一定水准的时候，我们应该更多地思考"做什么"，即打破固有的思维定式，看看再做些什么，看看除了岗位的要求，我们还要再做些什么，等等。

"怎么做"和"怎么做才能做得更好"关乎技巧；"做什么"关乎格局，体现了战略思考，是为下一步做准备。

曾经我们追求获得一家公司的"铁饭碗"，如今我们追求获得个人能力的"铁饭碗"。前者反映了短期思维，聚焦当下的稳定。后者反映了长期思维，着眼持久的繁荣。

时代变化越来越快，滋生职业稳定的土壤没了，稳定的工作也越来越少，对自己最大的残忍就是让自己追求稳定。如果这个时代有铁饭碗，那它必定不是某个企业的某个岗位，而是你不断迭代的个人能力，是你随时离开用人单位的能力。追求个人能力的铁饭碗，不是追求在一个地方吃一辈子，而是追求走到哪个地方都有饭吃。

发展得好的人都有自己的铁饭碗，这样的人可能会换公司、换平台，但他们绝不可能失业。因为他们占据的不是一项能力外化的岗位头衔，而是掌握了一项能力的内核，这项能力外化后，他所在的岗位不管以什么样的形式在改变和创新，他都能"随风而变"，让自己依靠"土壤"再成长。

做到以上这些，需要一个人有极强的战略耐性。战略能力是最重要的能力，而长期主义的耐性则是成就任何事业的必备品质。

以上就是长期思维的三个关键词。时间系统会赋予你一双看见未来的眼睛；复利系统要求你在一个领域里不中断，并持续累加；战略耐性让你的个人能力得到持久提升，让你的事业得到持久繁荣。

思考

升级思维的目的是改变行动。看完这节内容，你可以思考一下，在你的工作中，哪些部分几乎无法累加势能？哪些部分可以持续累加？

第四节　周期思维：没有人能持续跨越周期，普通人永远都有新机会

什么是周期？周期体现在，三十年河东，三十年河西。兴衰成败，一直在变。

周期有两面，它告诉我们：你混得风光时，别嘚瑟别骄傲，要低调，要谦虚。在这个时代，大多数行业的周期迭代速度可能超过你的反应速度。让你风光无限的行业随时可能被颠覆，你积累的技能可能随时变得一文不值。

你发展得不好时，也不要妄自菲薄。你要知道，不管是职业生涯，还是整个人生，都很长，你还会遇到很多翻身的节点。如果你一直处于做准备的状态，很可能下一个机会你就能抓住，下一个周期就是你的周期。

凡事都有周期，这一节，我带你全面地理解周期。

比竞争更可怕的是周期迭代

中国历史上，西周曾经斥巨资研究战车，比如研究车轴的打磨技术，研究用木材做成圆轮且圆轮不能散架的方法。当时，在没有润滑油和橡胶的情况下，轮子能转起来已经算是黑科技了。后来，好不容易战车技术达到了顶峰，结果人们发现战车不能满足需求了，骑兵才是最厉害的。骑兵根本不用跟战车竞争谁的轮子转得最快，因为他的其他性能远胜于战车，这种迭代性威胁是更可怕的。

从秦朝到清朝，两千多年的封建王朝中，"特种兵"是弩兵。关于弩的技术不断升级，从竹箭到复合弓、地中海式射箭，甚至出现了床弩。然后呢，你的弩再厉害，人家不跟你拼弩，西方列强手里端的是火枪。这就好比咱们都用弩的时候，拼的是谁的弩好，我面临的是竞争性风险；但在我用弩的时候，你偷偷玩起了枪，我面临的是周期迭代风险，你进入了新的阶段，我还在原地踏步。

战胜报纸、网站的，是社交媒体。在社交媒体发展的时期，媒体不再只是媒体，它更是一个社交平台；内容不再只是内容，它更是一种社交工具；内容分发不再靠代理商渠道，人的社交行为都是在分发内容。新浪微博怕的不是另一个更好用的微博平台，怕的是杀出来个微信；公众号做得再好，也不能抵挡今日头条，因为人家没想做一个更好的公众号。

为什么有的人工作一直很努力，技能也在升级，却突然被裁员了？因为社会已进入新周期，他们的思维和技能还在旧周期，他们已从潮头跌落。

周期迭代最大的特点是，旧周期里的大部分强者变成新周期里的弱者，旧周期里的部分弱者变成新周期里的强者。维持这个社会进步的动力也来自于此，社会上不会强者恒强，而是强弱更替。这里暗含两层意思：

第一，没有人能持续跨越周期；

第二，普通人永远都有新机会。

我们展开来讲讲。

为什么没有人能持续跨越周期

1997 年全球市值排名前十的公司是：

（1）通用电气

（2）荷兰皇家壳牌

（3）微软

（4）埃克森美孚

（5）可口可乐

（6）英特尔

（7）日本电信电话

（8）默克

（9）丰田

（10）诺华

2007 年全球市值排名前十的公司是：

（1）埃克森美孚

（2）通用电气

（3）微软

（4）中国工商银行

（5）花旗集团

（6）AT&T

（7）荷兰皇家壳牌

（8）美国银行

（9）中国石油

（10）中国移动

2017 年全球市值排名前十的公司是：

（1）苹果

（2）Alphabet

（3）微软

（4）脸书

（5）亚马逊

（6）伯克希尔—哈撒韦

（7）阿里巴巴

（8）腾讯

（9）强生

（10）埃克森美孚

从这 30 年的 3 个排行榜中，你能看到以下内容。

（1）变化巨大。过去 20 年里，只有两家公司一直留在前十名榜单中，一家是埃克森美孚，另一家是微软。

（2）第二个 10 年的变化比第一个 10 年的变化大得多。除了微软和埃克森美孚，其他 8 家公司都是第一次上榜。更可怕的是，其中的 6 家互联网公司 10 年前都还默默无闻。

不光周期变化在加速，其加速度也在增大，每一个 10 年的变化量级都在提升。我们看古装剧，有个词叫"百年霸业"，现在别说百年了，你能领风骚两个 10 年就很优秀了。

谁能挑战阿里巴巴、腾讯这样的公司？我们很难想到。但是，看上面 3 个榜单，你就知道，一定有别的公司来挑战它们。只不过现在，我们都不知道会是谁。下一个 10 年、20 年会怎么样？会突破大多数人想象的边界。

为什么我们在讲个人成长和发展时要讲公司周期？因为个人的成长和发展附着在历史大势和行业变化上，公司周期是这两者的直观反映。

为什么很多公司无法持续跨越周期？

第一个原因是去中心化趋势。

这是世界发展的趋势，也是行业发展的趋势。一个东西成为需求中心，就意味着它经历了一个从新需求产生到需求被极大满足的过程。当需求被极大满足时，需求中心就开始转移，因为它无法保持从前的增长了，新需求又出现了。煤炭、石油、钢铁、电都曾做过需求中心，因此也都催生过很多巨富，带来了行业繁荣，但没有什么是始终处于需求中心的。

各行各业都是如此，对功能手机的需求成为中心一段时间后，智能手机又成为需求中心，智能手机成为需求中心一段时间后，电商和内容又成为需求中心。

大成靠周期，大败因周期。周期的力量是最强大的，时来天地皆同力，运去英雄不自由。

第二个原因是放弃成本太高。

1993 年，马化腾从深圳大学毕业，进入华南传呼市场的龙头公司润讯。5

年后，技术能力不错的马化腾升任开发部主管，但随之而来的是上升空间消失。很快马化腾发现了一个机会。当时，ICQ正在横扫全球，上线短短7个月后用户数突破100万。尽管1997年ICQ未正式推出中文版，但已在中国互联网圈中快速流行。

马化腾从ICQ中受到启发，他判断将传呼机和互联网结合的"网络传呼机"才是未来。润迅拥有几百万传呼用户，无疑是巨大优势。马化腾向润迅高层提议也做一个，做出来不仅有ICQ的功能，还能向BP机传信息。

但润迅正抱着一只下金蛋的鸡，对马化腾研发的"网络传呼机"毫无兴趣。提案失败后，1998年年底马化腾离开润迅，开始创业。[①]

任何抱着下金蛋的鸡的公司，都不会愿意丢下这只鸡去找新的下蛋鸡。诺基亚无法放弃功能机去全力研究智能机，因为放弃的成本太高，转移的成本太高。

第三个原因是认知阻碍。

其实大公司在满足新需求上是有优势的，它有钱、有人。

如果2007年诺基亚和苹果都全力以赴研发智能机，谁能赢？答案几乎肯定是诺基亚。假设我们回到2007年，告诉诺基亚的高管："2013年，你们将把公司卖给微软，你们的功能机将被智能机彻底打败。"那么，当时诺基亚的人会怎么办？他们肯定会立刻砍掉功能机业务，全力研发智能机。

这说明什么？当时诺基亚根本没有这样的认知。

这体现了成功公司和新公司的认知发力点不同。成功公司已经成功

---

① 节选自《晚点 Late Post》发布的文章：《马化腾和张小龙：踏不进同一条河流》。

了，它整个公司的认知发力点都围绕如何在现有成功的基础上赚取更多的利润。新公司还没有成功，它想成功，所以整个团队的认知发力点都围绕在新需求上。由此我们发现，在满足新需求方面，新公司的认知水平几乎一定是高于成功公司的。

这就是为什么做出今日头条和抖音的一定不是马化腾、张小龙，而是张一鸣；做出拼多多的一定不是马云，而是黄峥。

我们内容创业公司也是如此。一般公众号运营得好的公司，都努力在公众号上变现，所以抖音、快手直播做得好的，一般不是我们，而是新人，因为他们在研究新需求，在新需求方面的认知水平比我们高。

第四个原因是自我衰败。

企业在获得成功之后可能会变得懒散和浮夸，这些特质会导致企业走下坡路，很少有企业能躲过这个怪圈。总有新公司会通过努力创新、积极进取、持续奋斗打败大公司，我们总以为这些新公司势头如此强劲，应该会把成功一直延续下去，但是这些新公司往往也会像它们之前打败的大公司一样，在取得优势之后变得松懈和懒散，随着时间的推移，慢慢被一批新的公司取代。

其实人也是如此，我会思考如何才能继续提升我的努力程度、时间管理能力和学习新东西的劲头，至少不应该比过去三年差，否则就会过早进入自我衰败的境地。因为我明白，现在的成功其实不是当下的努力带来的，而是过去三年累积的，如果我现在放松了，那么三年后就注定衰败了。

限制我们思考的不是我们未知的，而是我们已知的。捆住我们手脚的不是我们一无所有，而是我们拥有太多。

为什么普通人永远都有新机会

其实这个问题的答案，就蕴藏在上一小节"为什么很多公司无法持续跨越周期"这一问题的答案中：去中心化的过程给新人带来了机会；新人没有放弃成本或转移成本；新人善于研究新需求，在新需求上有认知优势；新人的进取心更强。

所以我不再展开讲，我想从另外一个角度再讲一下。

商业之美，在于总有新人想战胜实力雄厚的老人。不平静就是一种美。如果 BAT 连续称霸 50 年，那就太没意思了，后来者也没有奋斗的动力和意义了。不过，现实中不太会出现这种情况，因为有一种力量叫"创造性破坏"。微信对短信就造成了一种创造性破坏，今日头条对微信也造成了一种创造性破坏，移动支付对现金支付也造成了一种创造性破坏。

从更大的层面来说，中国的企业家正在对美国的企业家进行创造性破坏。曾鸣教授在《智能战略》这本书中说："一个不求甚解的观察者对中国的印象可能还停留在 20 年前——世界工厂或山寨产品横行的落后市场。但现在，这种印象是一个危险的错误，尤其是在互联网行业，中国企业正在创造世界级的产品和消费者体验。"

曾鸣有一半时间生活在美国，身处美国时，他常常会觉得美国的金融服务业特别落伍。中国已经是全球移动支付技术的领先者，在中国，所有支付几乎都可以通过手机完成，只要有移动互联网，消费者就可以通过手机享受银行服务和支付服务。在美国，人们仍然习惯携带装满各种信用卡、现金和支票的钱包，而且还是要带上手机。

无论是在金融行业还是在互联网行业，美国都算"老人"，中国都算"新人"，而创造性破坏，恰恰都来自新人。

为什么呢？因为创新大多发生在传统势力单薄的地方。中国的许多行业缺乏强大的传统设施或主导企业，这就为商业实验和建设提供了开阔地带。升级换代不会受到传统的牵制或阻挠，也没有很高的转换成本，这种自由正是熊彼特所说的"创造性破坏"的要点。在美国，人们很容易获得和享受先进技术，消费者市场成熟，行业结构稳定。在这种情况下，人们很难看到即将产生的变革。

从宏观上说是这样，从微观上说，每个行业的从业者也是这样。比如在内容行业，公众号自媒体领域每年都会出现一批新人，以黑马之势冲击老人、获得成功。做课程的领域也是，比如之前"得到"平台的李翔很火，千聊平台的刘媛媛很火，自己创业的老路很火，但每年都有新人冒出来超越老人。

创造性破坏理论是经济学家熊彼特经济周期理论的基础，因为有创造性破坏，所以有周期。

这是坏事，因为好不容易获得成功，却可能是衰败的开始。

这也是好事，因为三十年河东，三十年河西，普通人也总有机会成功一次，就看你能不能创造性破坏。

普通人应该做什么，才能迎接自己的周期

梁宁说过一段话："我们所有人都出身草莽，大家都从无名之辈开始，寻找一个机会让自己破土而出、冒出头来，被世界看到。人生是连续的，世界在不断向前，各种限制性条件会随着时代的变化而改变，并且永远会有新机会、新缝隙和新空间。"

那么我们应该做什么来迎接自己的机会和周期呢？每个人都有不如意

的时候，在这段时间做什么都看不到希望，感到焦虑、迷茫、越做越乱。

其实，人生不如意时，是上天给的长假。

你可以把握住这个长假，享受这个长假，耐心做一点事。等到长假结束后，你在假期中积累的东西就会显现它们的作用。我高中的时候就比较明白这一点，不过那时的"长假"是真的假期。

不放假的时候，大家水平差不多，甚至有的人还比你聪明，大家同样勤奋，你学习可能学不过人家。不过还好，我们常常有假期。假期是你的机会，周末、五一假期、十一假期、暑假、寒假……你可以利用这些假期偷偷积蓄力量。这样的话，每一次假期结束，你就会更强。

人生不如意时也是假期。不如意时，你可以做什么？答案是做绝对正确的事情。

我大学那几年非常迷茫，同学考研的考研，准备出国的准备出国，找实习的找实习，参加社团的参加社团，我不知道做什么，但我看了几百本书和几百部好电影，这就是绝对正确的事情，这就是上天给我放的长假。五六年过去了，我再也没有时间那样读书、学习了。

有人喜欢写作，但是错过了公众号红利期，问我还要不要写作。其实，一个喜欢写作但没抓住机会的人，红利期之后就是他不如意的时候，这就是上天给他放的长假。反正红利期过了，假期里，他可以安安心心地磨炼写作能力。总有一天假期会结束，当新的机会来时，他在假期积累的能量就可以释放了。

每个人都有不如意的时候，都有低谷期。不同的是，有人会在这段时间内为未来积聚能量，有人会沉沦、会怨天尤人。假期结束后，这两种人的结果又会不一样。

人生不如意时，是上天在给放长假，如意时努力奋斗，不如意时蓄能。

一个人的职业生涯很长，一个人的一生更长。一个人会经历很多轮周期，你既不用太着急，沮丧于错过了人生中为数不多的机会；你也不要太得意，以为抓住了一次机会就能赢一辈子。将眼光放到整个职业生涯，最重要的是从很多轮周期中"活"下来，结果就是赢。

周期是不可控的，坚持修炼自我是可控的。

思考

升级思维的目的是改变行动。看完本节内容，你可以思考一下，个体怎么做，才能在多轮周期中不被淘汰，甚至有机会抓住更多轮周期中的机会？

第五节 投资思维：别因沉迷能赚钱的当下，失去更有价值的未来

创投圈有这样一个说法：创业公司分两种，分别是赚钱的公司和值钱的公司。赚钱的公司不一定值得投资，但值钱的公司一定值得投。

什么叫值钱的公司？举个例子你就明白了。

有两家餐厅，第一家有优秀的主厨，并且处于黄金地段，该餐厅开了两个月就实现了盈利；第二家花了上百万元研发了标准流程，但它既没有名厨掌勺，所处地段也很一般，开了一年多了还在亏钱。

在投资人眼里，第一家是那种能很快赚钱，但并不一定值钱的公司；第二家才是有价值的公司，因为它扩张起来更快、成本更低，所以即使它现在在亏钱，也比已经实现了盈利的第一家餐厅更值得投。

总结起来就是一句话：值钱的公司是那些更有想象力、更看重未来的

公司。

个人也是如此，一个人的竞争优势不是今年赚了很多钱，而是未来还能继续赚很多钱。若要做到后者，就要让自己变成一个有价值且持续有价值的人，这就是个人成长中的投资思维。

所以，本节内容不是讲如何投资企业、股票、房产等，我分享的是将投资思维应用于个人成长中的 4 条成长原则。

敢于放弃一部分眼前的利益

有一次我去一家理发店理发，其实理发师理得挺好的，我心里是想再来的，但因为理发师推销会员卡推销得太猛了，而且根本不顾用户体验——我都表明生气了，他还推销，我想结账他却磨叽，不想快点结，还叫了两个同事一起帮忙把会员卡推销给我。我结完账出来就跟逃出来似的，本来要办卡也不敢办了。

我现在常去的一家理发店的做法截然相反。

我第一次去这家店理发，理发师理得挺好的，最关键的是全程没有任何会员卡推销环节，连暗示都没有，我还蛮惊讶，因为这种理发店真不多。因为剪得不错、服务好，我下次又去了。那次店里人不多，服务生对我说可以给我做干洗。干洗流程是这样的：干洗两遍（服务生会帮你挠头，你会感到很舒服），干洗完去冲水，冲水时给你洗眼睛——先用热水泡毛巾，拧干毛巾，把热毛巾敷在眼睛上，然后再用温水在毛巾上浇水。洗完眼睛，他还可以再给你洗耳朵。接下来，他会帮你擦干头发。再接下来，他会帮你按摩头部、颈部、肩部，然后给你掏耳朵，最后再给你按摩胳膊和手，这一套做完，再让你去理发。

这服务也太好了吧，关键是干洗和按摩竟然是不单独收费的，而且工作人员没有给我推销会员卡。大概到我第三次去的时候，他们才给我介绍了会员卡服务。我觉得很划算，于是毫不犹豫地办卡了。说实话，我早就等着他们给我推销会员卡了。

后来，工作人员看我消费能力不错，于是给我介绍了他们二楼的面部护理、按摩之类的服务，我之前理发时也没人给我介绍过这些服务，这挺有意思的。后来我女朋友也来这家店消费了，慢慢地，我们在这里理发、护理、按摩、烫发、染发，两年下来累计充值超过 2 万元。

放弃一部分眼前的利益，是为了在未来获取更大的价值，这也就是，得到一样东西最好的方式就是，让自己配得上它。

理发店若想让顾客办会员卡，就得放弃一次圈钱的思路，甚至放弃一部分眼前的利益，要先把客户服务得舒舒服服的，让自己的服务配得上顾客掏钱办卡，这样，才能让办卡变得顺其自然，让每一笔钱成交得极其容易，细水长流，做长期生意。

我自己也是这种思维的实践者。

我做公众号，其中一个商业模式是接广告。对此，业界人士常规做法是：与甲方进行前期沟通，定选题，出大纲，调整并确认大纲，让甲方打一部分款，写初稿，改稿，让甲方确认，推送，结算尾款。

这个模式劳心伤神，损耗精力、时间、心力。所以从一开始，我接原创广告的模式就是：如果甲方不先打款，我连大纲都不给，甚至我什么都不会准备。如果你想投原创广告，那么你至少打款 50% 后我才会跟你聊、给你出大纲，而且广告推送前必须全款到账，否则我就不推送。你一旦给我打款，我就会全力以赴，拿出极度认真的态度来给你写。

如果你不信任我，不敢先打款再看大纲，因此不在我这里投放广告，我一点儿都不觉得赔了，因为这种情况说明我的实力不够，没有让你信服，所以我不会跟你废话，也不会求你，也不会说软话。

如果我靠软磨硬泡赚这部分眼前的钱，就会浪费很多时间和心力，这并不值得。我可以放弃这部分钱，把时间和精力用来投资自己，让自己的实力增强，让自己在未来更优秀，让自己配得上更大的成就。

愿意花钱投资自己、投资未来

我在做写作训练营时，有人把我的训练营的音频课、直播课和作业题都做成盗版资源公开发布，或以非常低的价格卖给别人，有不少图省钱的人会买这些盗版产品。

买盗版产品省钱了吗？表面上省了，实际上亏得更多。我亲自试过买盗版产品，结果学习体验极差，因为没什么配套服务，学习效果可想而知。而且，买盗版产品的人永远享受不了答疑服务、定期直播服务、链接同学的服务、课程迭代的服务、留言互动的服务、工作机会的推介。其实很多人根本不是付不起那七八百元，只是因为爱省钱。

在成长上省钱的人一辈子没钱。我创业后招的好几个核心员工（包括合伙人）都来自社群和训练营。那些看盗版内容的人，永远不知道社群的核心是什么。

不该省的钱都不能省，别为了省几十元钱在淘宝上没完没了地比价、比参数；别为了省那"昂贵"的感冒药，鼻涕一把把地流了一周了都不去药店；别为了省钱在公司里抠得一年也不请同事吃几次饭；别为了省钱连买书都觉得贵；别为了省钱用卡得"半死不活"的手机；别为了省钱在职场上连身体面的衣服都舍不得买；别为了省钱住在离公司 2 小时以上车程的郊区……

人越穷，越没有必要绞尽脑汁地存钱，因为你本来就没多少钱，即使把钱都存下来了，你还是个穷人。调查数据称，你一生财富的 80% 都是在 40 岁之后赚的。你现在精打细算省下的钱，可能 5 年后啥都不是，你甚至会后悔：当初要知道多投资自己的成长就好了。

我从来都不支持"月光"行为，但大部分人省钱省得太过分了。当然有很多人不省钱，但总是花得不清醒，他们舍得花 1 000 元买件衣服，但在买门 200 元的课、买本 60 元的书时，却总是纠结。

在不"月光"、不透支的前提下，一切能让你长期变好的钱都不能省。

在我们公司，员工买书一律报销，买多少报多少；做课程的同事买课也一律报销；有好电影上映时，我会在群里给大家发电影专享红包。我招来的两个编辑刚入职不到一个月，我就给他们报了单人门票 2 999 元的线下课让他们去学习；我的助理刚跟着我工作时，我也给她一些钱买课、报名参加社群、买书学习。

我们公司规模比较小，所以我有心思去想这一点，主动对员工说这个规则，给他们报销。如果你在员工数有几十人、上百人的公司，老板精力有限，可能就顾不上关注这些，但他应该不会排斥这一点。所以，你要学会主动申请学习资金，大部分老板应该不会拒绝。

如果不好申请，怎么办？我建议你自己掏腰包。哪怕你不宽裕，也尽可能不要在学习这方面舍不得花钱。我在前两家公司工作时，自己掏腰包在学习方面花了不少钱。有些钱绝对不能省，那就是能做"杠杆"的钱。你花出去这些钱，是为了有一天撬动更大的回报。

舍得为投资未来浪费钱

既然讲投资思维，就不得不说投资的两个特点：一是所有回报都是有周期的；二是所有投资都是有风险的。这两个特点告诉你，没有一种投资是稳赚不赔的，你要舍得在投资未来的过程中浪费钱。这里所说的"浪费"不是故意浪费，而是你要接受一定比例的投资是没有回报的。正是因为投资不是把把都赚，所以投资思维是只服务于少数聪明人的。

我们先来说周期。

你想要做品牌，就得投广告、做营销，对不对？但是你投出去的钱不会马上变现，它有回报周期，而且这个周期通常不短。

罗振宇老师讲过他跟华杉老师的一次合作。

罗振宇知道"华与华"和"华杉"至少10年以上了。他之所以很久之前就知道，就是因为华杉坚持做广告，比如将广告投放在机场广告牌和航空杂志上。曾经罗振宇看到华与华的名字时，虽然知道了，但是觉得它跟自己没关系，自己也不会变成它的客户，因为罗振宇没有创业做公司。

那么曾经华与华花在罗振宇老师身上那部分广告费就浪费了吗？没有。华与华一直投广告、做品牌，数十年如一日，名气越来越大，成功案例越来越多。罗振宇虽然没有与它合作，但一直记得这个品牌。后来罗振宇创业了，有了做品牌咨询的需求，自然就想到了华与华。公司内部做决策时，所有同事都说他们知道华与华，看华与华的广告很多年了。所以，他们跟华与华的合作水到渠成，大家都没意见。

这就体现了投资思维，过去10年华与华花在罗振宇和他的同事们身上的钱，都是在零存整取，在经过一定周期后变现。你可能会说，如果罗振宇一直没有创业呢？若是这样，可能花在他身上的钱真就浪费了，至少浪费了一部分，但这就是投资。

在做品牌时，如果没有投资思维会怎么样呢？可能你在机场竖了一块大广告牌，竖了一个月，一看销售数据，觉得好像销量没有什么增长，就撤了。这就是在用消费的心态买用户，而非用投资的思维做品牌。采用投资思维做品牌是，你不管销售数据是多少，坚持把这块牌子竖上 10 年甚至 20 年。这样的话，那些经常坐飞机的人对你这家企业多少就有了印象。时间越长，印象越深。不仅有印象，还会是好印象——这家公司一直靠谱地在这儿投放广告。这就是投资，花掉的钱会以另外一种方式存储在品牌账户和公众认知里，未来有一天会逐步变现。

对个人成长的投资也是如此。

经常有人问我："我买了很多书，也买了很多课。但有的书和课质量不好，有的书我没看完，有的课我没听完，我又买了别的。一年下来，我在学习上浪费了很多钱，怎么办？"

我不觉得亏，买书、买课、付费参加社群，本质上都是投资学习。既然这是一种投资，凭什么你把把都赚？我买了 10 本书，其中 1 本对我帮助很大，这就够了。我买了 5 门课，其中 1 门课对我的业务产生了巨大帮助，我就觉得全赚回来了。

本质上，在这个时代，线上知识付费行业迅速发展，我们已经足够幸运了，很多特别好的 30 节左右的课价格只有 99 元，以前你哪有这样的机会？所以我买了很多课，听几节后，一下子就会想通很多问题，我觉得这就已经值了。

刻意花时间做重要但不紧急的事

投资就是做重要但不紧急的事情。做投资时,你不会即时变现,不会马上看见回报。人总是陷于琐碎事务中,因为这些事做了就有效,当下就有回报,所以很多事情自己明知道很重要,却总是没时间做。

假设我一直想招两个编辑,今天终于有时间写招聘文案了,但我发现我今天还可以做点别的事情,比如写一篇原创文章用作今晚的推文,比如写两节课的内容。

假设我一直想开个会,给几个员工讲讲最近的工作情况,做一个小规模的培训,今天终于有时间了,但我还有别的活儿可以做,比如规划新选题,听新买的、还没来得及听的课。

假设我今天有时间设计一下公司不同岗位的工作制度、奖罚机制,让大家可以更好地、更明确地工作,这是我一直想做的,但今天我还有别的事情可以做,比如帮某个同事改稿子。

假设我这个周末没有别的安排,我可以认真想想我接下来的规划、下半年的重点是什么、现在的业务可以怎么优化、下半年可以增加什么新业务、行业下半年的情况大概是什么样的……这是我一直想做的,但我很可能会想:这些可以先缓一下,我还可以做点别的事,比如先给同事改改稿子吧,毕竟今晚就要发。

在以上这些事情中,前者(我一直想做的事情)又麻烦又难,还没有确定性;后者(我还可以做的事情)可以立马做,而且立马有回报。于是我很可能就去做后者了,做完后心里感觉棒棒的:今天又是充实的一天。以上那些假设情况每天都在发生,我们每天都很忙,但做的常常是容易的、有即时收益的、有惯性回报的事。一个人、一个公司经常都是这样——忙，但成长慢。

　　不管是个人还是公司，如果想持续成长，那么每天都要刻意拿出一部分时间去做那些重要但不紧急的事，这就是投资思维的最后一点。用穷人思维考虑问题的人看眼前，用富人思维考虑问题的人看长期。投资思维可以帮助你从当下最优发展为全局最优。

思考

升级思维的目的是改变行动。看完本节内容，你在花钱和花时间上有没有新思路？你准备如何行动？

第五章

个人发展靠经营

第一节　市场思维：不是成本决定价格，
而是价格决定成本

从经济学角度来看，我们每个人在职场中都是可以明码标价的"产品"，你赚取的收入就是"产品"卖价，所以大家关心的其实是：如何把自己这个"产品""卖"个好价钱？

有人可能会说，努力学习，自我成长，你就会越来越值钱，卖价会越来越高。这是成本决定论，也是很多人收入低的原因，因为他们只关心自己的成长，不关心市场的需求。

不是成本决定价格，而是价格决定成本

我第一份与媒体相关的工作是 2015 年在创投媒体创业邦当小编，其中一项工作是每天早上发创投早报，创投早报里面一个板块就是融资清单，你可以从中看到，每天都有企业拿到投资。很多是你根本没听说过的，因为那些企业都倒闭了，那些企业拿到投资，烧一年两年后，投资款就没

了，所以创投圈这几年还有个惯例，那就是每到年末整理倒闭企业清单。

在那个背景下，确实有很多年轻人很快拥有了很高的职位头衔和高薪，毕业两年就月入一两万甚至更多，但是从 2018 年开始就不是这样的了。我认识不少这样的人，他们当年月薪 2 万多元，现在换工作再找 2 万元的门都没有。我有个朋友就遇到了这种情况，最近干脆去旅游了，因为辞职后找工作，好的工作月薪也就 1.5 万元左右，他不能接受，心想哪能倒退着走呢！

我值 2 万元，你给我 1.5 万元？从经济学角度，这反映了成本决定价格论，具体来说就是，你认为自己值月薪 2 万元，于是你要找月薪 2 万元、3 万元的工作。

其实在你月薪 2 万元的时候，有可能你根本不值月薪 2 万元，因为你能拿到多少工资、你值多少钱只是一个判断依据，最终你能拿到多少钱还要看市场供需关系。当需求量大的时候，即在创投泡沫膨胀期，你即使只值月薪 1 万元，也能找到月薪 2 万元的工作。

成本决定价格论是指，在决定一个东西卖多少钱时，先计算它的原材料成本，再将成本乘以一个合理的利润率，最终得出价格。这个理论看起来很合理，但实际上不合理。很多时候不是成本决定价格，而是价格决定成本。

2019 年年初出了一款热炒爆品——星巴克猫爪杯。一个小玻璃杯卖 199 元，是由什么决定的？星巴克的市场人员根据往年的数据以及当下的市场预估供需状况，最终得出一个“199 元”的价格，这个价格跟成本关系不太大。

反过来，我们假设这个杯子的成本是 20 元。星巴克看这个杯子卖得很火，于是加紧生产了 1 万个。假设能做这个杯子的工人只有 10 个，那么这个杯子的成本很可能就变成 40 元了，因为工人的成本可能变高了，因为能做这个杯子的只有 10 个工人。这就是供需决定价格，价格反过来影响了生产成本。

不是因为王菲开演唱会酬劳高（成本），所以她的票价就特别贵（价格），而是因为想看王菲演唱会的人多（需求），所以门票贵（价格），这样反而拉高了王菲的酬劳（成本）。

所以，回到人上，很多人说我上了那么多年学，为学习投入那么多，毕业了还不如一个"网红"一天赚得多。

你是付出了很高的成本，但市场并不会因为你付出了很高的成本就给你开高薪。所以，你闷头学习一门技能，投入金钱、时间去做一件事的时候，不要说你看我多努力。

明星、艺人非常懂得研究市场，他们善于根据市场风向制定自己的发展路径，这是我们要学习的，因为市场供需关系决定了你的价格。

不知道怎么给自己定位，那就先给自己定价

有个概念叫"角色定位"，根据角色定位，你想成为什么样的人，就要按那种人的方式行动。

不过，大部分人都不知道自己要做什么，不知道自己想成为什么样的人，也没有一个明确的方向，那怎么办？如果你不知道怎么给自己定位，那就先给自己定价，因为你的定价会逼着你找到定位。

"现代营销学之父"菲利普·科特勒认为：先有价格，再有产品，而产品是让价格显得合理的工具。这听起来有点本末倒置，但事实确实如此。

商业咨询顾问刘润在《先有"价格"，还是先有"产品"》一文里举过

一个关于房地产的例子。

你盖一栋楼时，你会先定价还是先盖房子？当然是先定价。因为房子是什么价位的，房子在设计、材料、配套、服务方面的标准就会靠近甚至超过那个价位的标准。如果在均价 3 万元 / 平方米的地方，你要盖 6 万元 / 平方米的房子，怎么才能让这个 6 万元 / 平方米的价格显得合理？答案是做与众不同的高端设计，比如加上墙体恒温材料，加上中央新风系统，加上更好的物业服务……

总之，你会想办法让这座房子配得上 6 万元 / 平方米的价格。如果你是先盖房子再定价，你连要不要加上墙体恒温材料都不知道。

个人定位其实也是这个道理。如果你弄不清自己的定位，不妨先试着给自己定价。问问自己，你想让自己值多少钱？或者说，你想赚到多少钱？

比如你月薪 5 000 元，感觉很迷茫，不知道自己的未来在哪里。那么，你可以想想要做什么、怎么做才能月薪过万。在追求月薪过万的过程中，你会更容易找到自己的定位和目标。

比如我 2018 年创业，在年底展望 2019 年时，我其实并不太清楚工作重点是什么、要怎么规划。最后我采取的方式就是，先给自己定价，就是计算 2019 年我要获得多少收入，然后倒推每个业务创造多少收益，接下来需要什么样的人员配置。这种方式其实就是围绕定价行动。最后，我的事情做好了，目标也完成了。

你给自己定价了没？

成本决定价格是因果逻辑，价格决定成本是果因逻辑

为什么给自己定价如此重要？

因为我们要遵循果因逻辑，而非因果逻辑。

因果逻辑就是，我要非常努力，去买书、看书，听课、学习，精进技能，拼命工作，把"因"做好，期待结果发生（升职、加薪、跳槽）。

因果逻辑有什么不好？

它不好的地方在于，它是自然而然发生的，因要把你带向哪种结果是不受你左右的，它顺其自然，它很可能无法实现你想要的结果，它只是实现了因必然导致的结果，这两者区别很大。

比如一个新媒体编辑可能会问："为什么我努力了 3 年了，工资还是只有 5 000 元？"

因为这个结果可能是"因"导致的，你只是做排版运营的小编，而非写大稿的编辑，所以无论你再怎么努力，小编的工资都是 5 000 元；你运营一个阅读量只有一两千的账号，而非平均阅读量几万以上的大号，所以你再怎么努力，你的工资也不会高；你在一个企业做新媒体工作，新媒体部门在这个企业中是非常边缘的部门，甚至整个部门只有你一个人，所以你再怎么努力，工资也只有 5 000 元，甚至，在这个地方工作不会锻炼你真正的能力……

有些事是注定不会发生的，只是我们经常埋头拉车，忘了去想。我们很多愿望只是一厢情愿。因如果不对，结果必然不对。我们应该追求果因逻辑，并且真正让这个逻辑指导我们的行为。

追求果因逻辑就是，先确定果，再去设计因。这不是自然而然发生的，不是顺其自然的，而是人为设计的。这样做的话，你就会走上"我命

由我不由天"式的高效成长之路，这条路本来就应该是设计出来的，而不是顺其自然形成的。

如果你确信一年后自己的定价是月薪 2 万元，你就应该拿这个结果反推什么样的因才会导致这个结果。

你会突然发现，你要有很多改变，因为当下的因必然不会导致那个果。有可能从今天起，你努力的方向变了，你读的书也要变了，你听的课也要变，甚至你结交的朋友都要变，因为你成长的策略变了。因为先有价格，再有产品，而产品是让价格显得合理的工具，所以，你要让自己的定价显得合理。

给自己"定价"，然后推导出自己要做什么、怎么做，以及一定不能做什么、不能怎么做。遵循这样的果因逻辑，你才会拥有真正好的市场思维，也才会拥有真正好的成长思维。

思考

升级思维的目的是改变行动。你可以思考一下，你应该给两年后的自己定个什么价？然后倒推一下，你现在应该怎么做，到时候那个定价才会变成一个合理的价格。

第二节　品牌思维：一个人审视自己行为的底层逻辑

每个人都是产品，所以要用经营企业的方式经营个人成长。前文讲了市场思维，本节紧跟着讲品牌思维。

品牌可以让一个产品有远超其成本的价格，这就是品牌溢价。个人也是如此，如果你的个人品牌足够好，你一样有品牌溢价，可以让自己更有竞争力。更有竞争力还不够，它还会帮助你切实地把竞争力变现。

好品牌到底有多值钱

一流品牌很值钱，但到底有多值钱，很多人没有具体概念。这里举个例子让你刷新一下认知。

江南春在《抢占心智》中提到，在长沙的万达广场上，曾经有一个店面从外面被围了起来，一直空置了很长时间。后来他才知道，这个店面是专门给某大牌预留的，就这样空置着，保留期为 18 个月，同时万达广场还给品牌方补贴了 3 000 万元的装修费。

后面我了解到，很多商场都有这样的先例。像外婆家这样的国内知名餐饮品牌在进驻一些商场时，不少商场会补贴装修费，甚至反向保底。

与之相反的是，不少小品牌、新创的不知名品牌在进驻一些大型超市时，不仅没有优惠或补助，还要交进店费、条码费、上架费、堆头费等各种费用。

一流品牌为何能享受这种待遇？一个最重要的原因是：一流品牌可以创造流量，带来顾客。

比如我在北京经常去我家附近的"蓝色港湾"商场，商场三楼就有一家"外婆家"，饭点前后一小时，店门口都有不少顾客在排号。凯德MALL（太阳宫店）里有家规模比较大的海底捞，我有一次下午 3 点去吃，竟然也有一大群人在排号。

这样的店都是可以给商场带来流量的。对于这样的店，商场少从它们身上赚点房租，甚至补贴一些都是划算的，因为它们的存在给商场带来了巨大的流量，这些流量可以创造更大的价值。

我去凯德 MALL 的直接原因都是和之前公司的同事聚餐，他们就喜欢去海底捞。如果不是这个原因，我压根儿不会去凯德 MALL，因为那儿离家挺远的。但每次去，我除了去海底捞消费，基本上都有其他消费。我有一次去那里，除了吃海底捞，还另外花了近 400 元。

前面提到的某大牌也是如此。这样的品牌在一个城市的门店不会太多。想在线下商店购物的顾客就必须去相应的商场，因此，这类品牌的门店不仅会为商场带来流量，而且带来的还是高净值人群流量，另外，这类人群在商场也会持续消费。

有个经典说法是：一流企业卖品牌，二流企业卖产品，三流企业卖劳动。

为什么说一流企业卖品牌？

大家都知道特斯拉很厉害，卖得也很贵。做个假设，如果特斯拉电动车被某家做电动车的企业山寨了，而且山寨的水平很高，山寨产品的品质比正品的还好，那么山寨产品能卖到正品的价格吗？答案是能。

但是，这家做山寨产品的企业可能要花 5~10 年提升品质和推广营销，才能把品牌养起来。现在它绝对没有品牌溢价，即使它的产品比正品质量好很多。很多厂商的山寨水平特别高，做出的很多高仿品不论从外观还是从质量上看都几乎和正品一样，但它们只能卖到正品十分之一的价格。你不要以为大家买东西就是买产品，买品牌同样是刚需。对有些人而言，即使你卖的高仿品的质量和正品的质量一样，甚至质量更好，我也不买，因为我就愿意掏更多钱买贵的、买品牌声誉好的。

关于品牌，我们可以再说一个更同质化、质量差别不大的东西，叫"可乐"。

生产皇冠可乐的加拿大 COTT 公司曾经委托哈佛大学做了个实验：对可口可乐、百事可乐和皇冠可乐进行盲测，让大家说哪一种更好喝。结果让人惊讶，参加盲测的人基本上都说是皇冠可乐最好喝，百事可乐其次，最后是可口可乐。

但是，总是有"但是"。测试要有对比。当实验人员把三种可乐贴上标签，再让一群人试喝时，结果就变了，大家一致认为可口可乐最好喝。

你说奇不奇怪？这就是品牌的魅力所在。

好的个人品牌到底多值钱

我是保守型人，说白了就是害怕失败，所以我做事时总是想先让自己立于不败之地，然后再去做，否则就不做。

比如我现在正在做的付费社群，累计服务近万人，但在 2018 年 8 月我准备启动时，我特别害怕做这个社群会失败，也完全不知道推出后会有多少人加入。

2018 年 8 月 10 日，我联系了知识星球内部的朋友，给她讲了我的公众号的体量、我的朋友圈的体量、我有什么资源可以推广，让对方给我做评估：课程定价为 199 元 / 年，推给 1 000 人大概需要多久？对方给的数据是大概 2 个月。我听完有点受打击。

第二天，8 月 11 日，我刚好约了个做知识付费的同行朋友吃饭。我们大概聊了 4 小时，最后我也让他给我做评估。我说我第一次在公众号上推广课程，如果阅读量 2 万，课程定价为 199 元 / 年，能不能转化 500 人？

他说课程定价 99 元的话应该没问题，如果是 199 元，转化率得打个 6 折，能转化大概 300 人。因为他有自己的公众号，也做课程，应该还是蛮有经验的。

这些数据虽然不算好，但我还是可以接受的。我还是决定做。跟他聊完后，我就在公众号上推出课程了，课程定价为 365 元 / 年，前 1 000 名用户可享受 199 元 / 年的价格，之后每增加 100 人涨价 5 元，一直涨到原价 365 元 / 年。

课程推出后，数据远远超出了我的预期，超出了我朋友的预期，更超出了知识星球内部朋友的预期。推出大概 4 小时，报名人数就破千了。在公众号 @ 粥左罗上，那篇推广文章的阅读量约为 13 900，报名人数约为 1 600，转化率高达 11.5%。

后来，知识星球内部的朋友说："我知道你的推广文章转化率为什么这么高了，因为你之前做的课程质量非常高，打造了很好的个人品牌。"推出后，我也一直在观察评论区的留言、后台的消息、朋友圈中大家的转发语与推荐语，以及进入知识星球的人说为什么会加入，这样一来，我更相信个人品牌的重要性了。

所以，我在公众号文章评论区写了这么一条留言："我做过 3 门课程，覆盖人群超过 10 万人，口碑也是一门比一门好。这是我做的第一个社群，它只会更好，所以如果你真的有需要，你可以闭着眼进。以前有很多学员告诉我，只要是我出的东西，根本不用担心质量，直接买！我就这点追求。"

不管做什么，个人品牌都非常重要。个人品牌不取决于你自己说自己怎么样，而取决于别人说你怎么样。

2019 年我出书也是这样的情况。出书前，我向很多出过书的人打听过，问他们版税一般有多少、有没有销量保证。基本上所有的回答都不乐观，而且说能找个好出版社出版就不错了，不可能给保底销量。但最后人民邮电出版社给了很不错的版税和合作条件，这不是口头约定，而是白纸黑字签在合同上的。我的书出版一个月后，书才刚开始卖，我已经收到了出版社的版税打款。

这也是品牌的价值。他们认可我这个人，因为我一贯靠谱。他们认可我这个人的作品，因为我过去写的每一篇文章、每一门课程都是靠谱的。他们因为我的品牌靠谱，所以相信我。

在新媒体时代，很多人会教你怎么包装自己，这其实是没有用的，因为包装总是要被拆开的，如果你没真本事，那么再怎么包装都会露馅；如果你有真本事，那么你不用自己包装，大家的口碑就是你最好的包装。

每个人都有个人品牌

很多人说："我不想打造个人品牌，我就想努力地学写作或者某一方面的技能，这样可以吗？"这其实是对品牌的误解。

任何企业和组织都有品牌。你可能会举一些失败的企业的例子，说"××这样的企业就没有品牌"。

错！你在说这句话的时候，就表明它有品牌。你的这句话就是在对它的品牌下定义，即：它的品牌很烂。

个人品牌也是如此，它是每个人自带的。这里讲的"打造个人品牌"，不是你想不想打造的问题，而是你怎么把它做得更好的问题。

我们举个例子，每一个职场人、每一个员工，其实都是一款产品，只不过使用这个产品的人是他的上司、同事或者合作伙伴。那么跟他有接触的人都是这个产品的使用方，所以，每个人其实都是一款产品，每一款产品其实都有自己的品牌。

我觉得微信的张小龙设计微信的这条标语是非常好的：再小的个体，也有自己的品牌。我对个人品牌的理解是，个人品牌就是别人对你的认知。以后别人问你什么是个人品牌时，你可以大大方方地告诉他："大家对我的认知就是我的个人品牌。"

比如你怎么看粥左罗，那就是你对粥左罗这个个人品牌的理解。所以每个人都要打造个人品牌，即使你不刻意打造，别人也必然会对你形成认知，这种认知就是你个人品牌的呈现。

个人品牌和企业品牌的呈现形式和作用非常像。品牌是一种文化资产，大家要知道，文化资产基本上都是无形的。那它必然要呈现在有形的东西上，比如呈现在一个符号上，或呈现在一个名字上，这些都属于品牌作为一种文化资产的沉淀形式。

从企业的角度来说，品牌的载体就是名字和 Logo，比如说可口可乐、苹果、微软，这些企业的品牌载体就是它们的名字和你脑海中马上想到的它们的 Logo。

个人也是如此，粥左罗这个名字就是我个人品牌的载体。现在我要出一本书，这本书的作者叫粥左罗。如果这本书是与个人成长相关的、与写作相关的、与新媒体运营相关的，那么粥左罗这三个字就意味着有人会买单，那么相应的书就会比较好卖。这就是品牌名字的作用。如果出一本同质量的书，我署上一个完全不知名的人的名字，那么这本书可能就不好卖了。很多时候，你的名字就是你的个人品牌。

那 Logo 呢？你社交媒体的头像就是你的 Logo。这里多说一点——名字的统一性。

什么叫名字的统一性？我们活跃在非常多的社交平台上，比如说我们作为个体，活跃在知识星球、微信、公众号、新浪微博、B 站、抖音里，在这些不同的平台上，你是否使用统一的账号名字？如果是，我觉得非常好。

为什么呢？因为我们刚才说了，品牌是一种无形资产，这种无形资产最终都会沉淀到一个名字上。如果你在每个平台都用同一个名字，那么它的沉淀效率肯定是最高的，效果肯定是最好的。如果把你的无形资产，也就是你的影响力，分给很多不同的名字，这样的效果肯定相对会弱一点。

在不同的平台上、不同的场景里、不同的地方用不同的名字，就相当于苹果、可口可乐这样的公司去一个国家就用一个新的名字，或者去不同的省份卖自己的产品就使用新的名字。我觉得这是不可取的。因为很明显，用统一的名字在整个市场打造一个统一的品牌是最有利的，所有营销活动产生的影响力都会沉淀到一个名字上，这是最好的。

对我个人来说，在2012—2020年这8年的时间中，我一直在用粥左罗这个名字。从时间来说，整整8年我都没有换名字；从平台来说，我的公众号名字、个人微信号名字、出书时的署名、文章的署名也都是粥左罗，非常统一。

一个人审视自己行为的底层逻辑

既然个人品牌人人都有，既然无论你打不打造，个人品牌都会形成，那么我们何不把它塑造得更好一点？

怎么塑造个人品牌？方法很简单，把个人品牌当作一种思维模型即可。

你做任何事情、经营任何关系、解决任何问题，甚至在任何场合进行自我表达，都可以用个人品牌的思维审视自己：我这种做法对个人品牌而言是加分项还是减分项？如果是加分项，那我就去做；如果是减分项，我就尽量不那样做。

比如，在我的职业生涯里，我去过几家公司，我发现每家公司都有一些"傻员工"。什么是傻员工？傻员工有一个特点，那就是快要离职的时候，他们的心态是：反正我快要走了，怎样都无所谓。他会以非常敷衍的方式完成领导布置的一些工作，非常不情愿配合同事的一些工作，不愿意做一些他该做的事情，离职之后，还在外面说自己前老板、前公司、前领导的坏话。

这种行为说明他没有个人品牌思维。如果有，他就不会这么做，因为这么做对个人品牌有非常大的损害。职场的圈子很小，尤其是在一个垂直细分领域工作时，圈子更小。如果你刚入行，可能对此没太多感觉，但如果你像我一样在一个行业里持续工作了四五年，你会发现这个领域里所有的人你都不能得罪，所有的人你都不能小瞧，因为这个领域其实很小，真正掌控话语权的可能就那百分之十的人，所以你最好不要得罪任何人。因为有一天，你得罪的那个人可能会反过来伤害你。

我们这一节要讲的就是说每个人都是一个个人品牌，不管你想不想打造，你都会形成个人品牌。既然每个人都有个人品牌，那么你在做事、讲话、做一切对外展示活动的时候，是不是都应该想想自己这样的做事风格、做事方式和说话方式，对自己的个人品牌是不是加分的？一定要多做加分的事，少做减分的事。

2019 年是我创业的第二年，这一年大环境不好，微信公众号这个生态也是如此。因为大家的预算变少了，优质广告主的投放收缩了，公众号改版几次让很多人觉得越改越差，所以很多人得出了 8 个字的结论：抓紧变现，落袋为安。因此，很多号主做内容时花心思少了，使劲接各种广告，也不嫌没有产品格调了，什么产品都推广，什么课都卖，吃相难看。

我就问我朋友："你不是不缺钱吗，那么着急干嘛？"他说，现在形势不好，赚一点是一点，不赚白不赚。

我倒没那么悲观，而且我之前说过，有钱赚的时候认真赚钱，没钱赚的时候修炼内功，任何时候都不能糟蹋自己。我们干这一行的，其实不只是靠体量赚钱，更重要的是靠体面赚钱，也就是要靠你在用户那里的品牌、你在行业里的品牌赚钱。我就举一个例子，出 10W+ 文章的账号那么多，但有几个账号的广告能达到 GQ 实验室那个价码，一条广告 100 万元左右？没多少。当然，普通自媒体账号很难达到这种水平，但意思是一样的，就是体面很值钱，而且让大家觉得你体面（即品牌好），需要很长时间不懈努力，但是毁掉自己的品牌却很容易。

另外，行业起起伏伏的波动很正常，除非你真的没钱花了，否则别那么着急，好好修炼内功，扛过一次次"伏伏"，就又迎来一次次"起起"，如果你未来十年二十年想赚钱，你着急这半年一年的干嘛？

总之，不要做让自己内心不骄傲的事。一个人的品牌决定了他获取资源和机遇的能力。

新用户不知道我的个人品牌，但老读者们都知道。一提到粥左罗，老读者们就感觉这三个字是有品牌的、是值得信任的，觉得我们实在、靠谱、努力，等等，这就是我这个人在别人心中建立的品牌形象。好的品牌形象让我收获了我们公众号粉丝、训练营学员和商务合作伙伴的信任，有利于我进一步提升个人价值、扩大个人品牌的影响力。

过去几年，我最在乎的一件事就是打造个人品牌，甚至比提升能力更在乎。我经常检视自己：我是一个值得信赖的人吗？不管企业还是个人，品牌都非常重要，然而，好品牌的建立不是一蹴而就的，是靠实实在在的行动一点点积累而成的。

过去几年，我做得最多的事情就是写文章。不管阅读量是几万的文章还是阅读量超过 1 000 万的文章，留言区中大部分的留言都与支持和赞美有关，因为我没有为了流量做不恰当的选题、写不恰当的内容。有句话叫站着赚钱，其实获取流量也应该站着，也就是靠优质的内容获取流量，这样，你的声誉才能在一次次超预期的结果交付中慢慢建立、巩固、优化。

当然，除了写文章，我上班对待公司与同事时、创业后对待员工与合作伙伴时、开训练营后对待学员时，甚至在对待生活中的朋友、行业内的朋友时，都会用品牌思维来审视、要求、反思自己的行为，因此我的品牌越来越好，我得到了更多的机会，获得了更大的成长和发展。

思考

　　升级思维的目的是改变行动。你对打造个人品牌有什么新的理解？哪些是过去没有注意但现在要注意的？

第三节　作品思维：做任何事情，都要积累代表作

这里的"作品"二字，不单单指作家写的一本书、画家作的一幅画、歌手创作的一首歌，它包含这些却还有更宽泛的意义。它指的是，我们任何人在做任何事情时，都应该像作家、画家、歌手那样认真对待，要让做出来的东西可以拿出去证明自己的实力，可以代表自己这个人。作品是人们认识你的工具，可以帮你打造个人品牌，同时也是你个人品牌的载体。

你的作品越多、越好，你的个人品牌就越值钱。

如果没有作品，你所有标签都会不堪一击

2018 年，我做付费成长社群，距离开放报名不过 4 小时，报名人数就超过千人。我前面讲过，大家报名参加我的社群是因为我有很强的个人品牌。那我的个人品牌具体是如何表现的呢？

我当时一直在观察公众号读者的留言、朋友圈的推荐语、社群成员加入后的分享，我很开心能看到下面这样的现象。

大家信任我，选择与我同行，并不是因为创业邦前新媒体运营经理、插座学院前副总裁、毕业 4 年月入 20 万元等类似的标签或者平台背书，而是因为：

（1）我看过你的很多篇文章，都很有干货、很真诚，每次看完都有收获；

（2）你的公众号是我为数不多置顶的、每篇都看的；

（3）我听过你的写作课，质量很高，相信社群也不会差；

（4）这是朋友强烈推荐给我的。一开始我还没在意，看了你几篇文章后感觉相见恨晚，你开社群，我绝对不能错过。

基本上大家的说辞都是这类内容。这说明什么？这是个人品牌"实"的那部分，而非"虚"的那部分，这里的"实"指的是作品，"虚"指的是标签。

在工作中，虚永远没有实更有力量。你的各种人设打造、平台背书、励志标签、职位头衔，都不如你的作品有说服力。

很多人写简历的时候写的都是这些：曾担任 ×× 公司 ×× 一年；曾参与 ×× 项目；熟练掌握 ×× 技能；深谙 ×× 玩法；参加过 ××；是 ×× 项目的早期参与者……

为什么老是写这些虚的东西？因为他们没有真正的作品，所以只能这么写。但是，如果你没有实的作品保驾护航，虚的标签都是不堪一击的。

很多人在宣传自己的时候，会用各种方式包装自己，给自己贴很多标签。刚知道这些人时，你会觉得这些人好厉害啊。但只要你一跟他们熟悉了，了解他们了，你就会发现，原来那些说辞都是虚的，他们没什么真本事，一做事就现原形了。

我还有个身份——写作讲师。这几年，各种平台上的写作课层出不穷，好像谁一下子都能教写作了。有些老师在知识付费平台上把自己包装成了写作"大神"，但最终也没做出名堂来，为什么呢？

因为他们没有作品，你搜不到他们出过什么好书，你没见过他们写过什么好文章，你好不容易找到了他们的个人公众号，发现阅读量只有几千，尽管如此，他们却天天在外面教别人怎么写 10W+ 爆款文章。

看到这样的人，我们会说这个标签其实是他们想让自己拥有的，但他们没有相应的作品作支撑。他们硬往自己身上贴上这个标签，但其实配不上这个标签。那这个个人品牌就是悬在空中的，它不是扎扎实实落地的一个个人品牌。

所以，个人品牌很多时候不是包装出来的，而是做出来的。你给自己贴再多好看的标签，也不要以为它们永远都是你的了。如果你的作品配不上它们，那么它们早晚会被拿掉。

即使你一开始打造好了这样的个人品牌，让别人相信了，它其实也会慢慢地从你身上消失。你配不上的东西，早晚你都会失去。你配得上的东西，即使你不去吆喝，别人也会把那样的标签加在你身上，他们会觉得你就是那样一个人。

真正好的个人品牌是作品和标签高度统一，互相加持。

在做任何事情时，你都要积累代表作

我创业后一直在招人，招聘岗位中有一个是内容编辑，我要求所有投简历的求职者在邮件中附上 5 篇代表作品。

为什么呢？因为简历可以被粉饰，但作品骗不了人。我招人、用人时主要看应聘者的作品，然后再参考他的简历。

但是，我在收到超过 200 份简历后发现了一个惊人的事实：90% 的内容编辑竟然凑不齐 5 篇能上得了台面的代表作，当然，篇数能凑够，但质量太差了。这其中有不少编辑已经工作两三年了。在这 1~3 年的时间，他们都干什么了？居然连 5 篇代表作都没有积累下。

很多人并没有代表作思维，有可能他们一年写 100 篇文章，但这 100 篇质量都不高。说白了，他们写的那 100 篇文章都是用于应付工作的，他们认为完成领导安排的任务即可，并没有想着把每一篇文章当作一篇代表作来写。如果有心积累，一年写 100 篇文章，沉淀下 10 篇各方面都不错的代表作并不难。

为什么要这样？因为你当下所做的一切，都是为了撬动更大的机会和更美好的未来。

如果你有 10 篇很好的代表作，那么在换下一份工作时，你必定会有更好的机会、去更好的公司、有更高的职位、拿更高的薪水。所以，不管你在多厉害的平台工作，不管你与多成功的人共事，千万不要混日子，否则一份工作留给你的只是虚头巴脑的头衔、标签、平台背书，而不是实打实的作品。

什么是你的作品？我刚才举了内容编辑的例子，但其实不管做什么，你都要积累作品。你可以直接理解为，你在职场上做过的每一件实事，都是你的作品。它们是你能力最直接的证明，它们是你个人口碑的直接来源，它们是一份工作完成后你真正能带走的价值。

你创作的每一篇文章；

你剪辑的每一个视频；

你设计的每一张海报；

你促成的每一次合作；

你赢得的每一个客户；

你负责的每一个项目；

你运营的每一个社群；

你运营的每一个公号；

你推广的每一门课程；

你投资的每一个公司；

……

在把这些都看成作品的基础上积累代表作，在做任何工作时，你都应该有作品思维，都应该积累代表作。

我对内容行业比较熟悉。在这个行业从业 5 年，我观察到一个现象，那就是很多人无法突破"1.5 万元"魔咒，一般刚入行时，从业者月薪为 5 000 到 8 000 千元，经过一两年的努力，慢慢达到 1 万元、1.2 万元、1.5 万元，但是到这里后，很多人的工资就涨不动了，长期在 1.5 万元左右，突破 2 万元非常难。最主要的原因很简单，就是作品不行，没有拿得出手的作品。

我在 2019 年年底高薪招了一个主编，为什么他可以？因为他有作品——写过两篇"在看数"为 10W+ 的公众号作品，写过阅读量 100W+ 的公众号广告。

这样的作品就能说明一切。因为极致的作品是一连串能力与事件的结果，是长期努力的结果，是极致追求的结果。

输入是"星辰大海"，输出要"一剑封喉"

一个人越是默默无闻的时候，越要少包装自己，越要沉下心来积累代表作。如果没有代表作，你怎么包装都不行；有了代表作，无论你去哪里，别人都会认可你。代表作不用多，而要真的好。

举个例子，在投资这个行业，投资人很多，你怎么判断一个投资人厉害不厉害呢？方法是看他过去有没有投出明星公司，投出过一个就够了。

比如投资人王刚只要说自己是滴滴出行的天使投资人，今日资本的徐新只要把自己投资京东的故事讲出来，晨兴资本的刘芹只要说小米是他投的，这就够了，大家一听就觉得这个人很厉害。一个投资人有了这样的投资作品，那么一些新的优秀创业者就会倾向于找他拿投资，这样，他就能投出更多好公司。

所以，打造个人品牌和自我营销的最好方式就是拿出代表作。

越是默默无闻的时候，越难积累代表作，所以要有"星辰大海"的输入。

越是默默无闻的时候，越需要有代表作，所以要有"一剑封喉"的输出。

2018年年底，我接受了一个自媒体的采访，编辑说："你2017年在做课程，这一年很重要，因为这是打造个人品牌的时期，你最好有一段时间能大规模地收到别人对你的评价、给你的反馈。这样的话，你能比较清楚地从外部对你的认知中梳理出一些关于个人品牌的标签。"

编辑说我那一年在圈子里很出名，影响了很多人的成长。我马上向他说了真实的情况。我说："跟你认为的完全相反。2017年是我收到外界反馈最少的一年，我根本不知道我很出名，不知道圈里怎么评价我，甚至课程学员对我有什么样的认知我也不清楚。"

因为在整个 2017 年，我基本上是零社交：我从来没有出去跟同行的朋友聊天，也没参加过任何形式的行业饭局，没有公开在行业峰会上露过面；虽然我的线上课有那么多学员，但我从来没加过他们的微信；我在讲线下课时基本上都是讲完就走，从不社交；我去企业讲课时会提前十多分钟到，讲完就走，从不社交；我课程的推广活动是由同事做的，企业客户也是同事谈来的。所以我这一年就这样过来了，不知道大家怎么评价我，我甚至都没时间去了解。

在整个 2017 年，我基本上就干一件事——做课。有课的时候，我就订票去讲课；没课的时候，我就待在办公室写课、录音。我就这样日复一日打磨我的代表作。

我开始意识到自己挺出名、大家评价很高，是在 2018 年我出来自己做号之后。带给我最直观感受的经历是 2018 年 5 月开的 12 天线下课。以往的课的时长都是一天或两天，时间很紧，我只是讲课，和学员交流很少。

在那次线下课，我和学员的互动非常多。令我印象很深的是，第一天有个学员自我介绍环节，好多学员在自我介绍时都提到了我，说我的课程、文章以及经历对他们影响非常大之类的。当时我特别惊讶，因为很多学员都这样说了。我这时候才开始想，哦，原来大家是这样看我的。

之后是在上海开的 12 天线下课，每天讲完课后我会和一些学员聊天，我有时会提起行业里很厉害的老师，他们就说："粥老师，其实在外界看来，你比他有名多了。"好多学员说他们的老板、领导经常转发我的文章让他们看，等等。当时，我听到这些话都觉得不自信，因为我整个 2017 年都没有接收到这样的信号。2018 年，我第一次去上海参加一个行业峰会，面对近千人讲了半小时，讲完我就出去了，结果在门口遇到很多跑过来跟我聊天的人。我原以为大家都不认识我，我以前从没参加过这样的大会。

所以，我对那个编辑说，我很感谢我不知道自己很厉害、很有名，甚至轻度不自信的那一年，因为那让我整年都非常平静、非常安心地做自己的事，磨炼自己的手艺，不浮躁、不自恋，日复一日地打磨自己的代表作。

最后，我打磨的课程在全网卖了超过 10 万份，一炮而红，我后面的路就越走越顺。

所以，个人品牌很重要，但个人品牌是个结果，你能力不强、手艺不精、没有作品的时候，天天自己给自己贴标签，对外给自己建人设，天天在朋友圈、微信群等渠道宣传自己、包装自己对打造个人品牌无益。个人品牌是很重要，但不是那样来的。

普通人一开始都没有个人品牌。在遵循作品思维时，你别光玩虚的，而要不停地做实事，把每一件事做成功，花时间和心血积累代表作。在这个过程中，大家对你形成了相应的认知且不断强化，这样，你就有了个人品牌，这是你最可靠的资产，这是普通人崛起最有效的方式。认认真真干实事的人，在这个时代不会吃亏。

思考

升级思维的目的是改变行动。你可以思考一下，你在你的工作岗位上，有没有积累很多作品？接下来，你准备如何积累更多作品？

第四节　写作思维：把个人能力封装成内容产品，实现"10倍财富增长"

不管你在哪个行业、做什么工作，不管你是员工、自由职业者还是老板或投资人，你都要学会写作，因为写作会对你产生巨大的帮助。我持续写作5年，受益巨大。我持续教写作3年，帮助很多人从写作中受益。

2019年，我推出了全新的写作课《粥左罗教你从零开始学写作（50讲）》，截至2020年3月，超过5 200人学习了该课程；我推出了"粥左罗21天写作训练营"，截至2020年3月，该训练营已连开10期，累计超过3 500人报名；我推出了实战小班"粥左罗28天高阶写作变现营"，截至2020年3月，该训练营开了5期，累计超过500人学习。

写作之所以如此重要，是因为通过这项技能，你可以把一切能力、经验、知识、认识、思想等封装成内容产品，让无形的东西变得有形、可传播、可出售、可复制，所以，写作是移动互联网时代人人都要学习的高级技能。

好消息是，人人都可以学会写作。

你的赚钱能力，取决于你的个人商业模式

国家统计局 2018 年 2 月发布的《2018 国民经济和社会发展统计公报》显示，2018 年年末，16 岁至 59 岁（含不满 60 周岁）劳动年龄人口为 8.97 亿人。一份来自招聘行业的数据显示，2018 年，我国月入过万的人数约为 11.4%，也就是大概 90% 的人月入不过万[①]。即便是在我的老家山东泰安——一座四线小城，稍微好点的房子每平米的价格也接近 1 万元了，所以如何赚更多钱应该是至少 90% 的人该特别关心的问题。

天下没有难赚的钱，只有不愿动脑子的人。如何提高自己的赚钱能力？答案是升级你的人生商业模式。

在讲人生商业模式之前，我先讲下时间和财富。

罗振宇说如果自己去世了，墓碑上就写一句话："一九七三到二〇几几年。"有一篇小学生作文——《看沙漏》，里面有这样一段话："如果将我出生的那一刻定义为拥有全部时间的话，时光确实从我手中流逝了；但如果将我死去的那一刻定义为我拥有了自己全部时间的话，那么，我一直都未曾失去过时间，而是一直在获取时间。"

人生其实就是一段时间。从出生的那一刻，你就开始匀速地获取属于你的时间，直到你死去的那一刻，你才拥有自己这段时间的全部。你生来就拥有的最宝贵的财富，就是这段时间。你一生获取的全部其他财富，都是出售这段时间的所得。你这一生，就是一边获取时间，一边售卖时间，一边获取财富的过程。

---

① 参考资源来自汇盈金股 2019 年 12 月发表的文章：《在中国，究竟有多少人月薪过万》。

因此，人生商业模式就是一个人出售自己时间的方式。

千万不要以为只有企业才有商业模式，人生亦有商业模式。这也就是我为什么在这本书里说，即便是打工者，也要有创业者的心态，要像经营一家公司一样经营自己的人生，这种做法的本质是经营自己人生的这段时间。

你的赚钱能力取决于你的个人商业模式，取决于你出售自己时间的效率。人生商业模式基本上可以分为三种。

第一种：同一份时间出售一次。

比如你每天去上班，月月领工资，相当于你把自己一个月每周周一到周五的每天 8 小时打包出售给了老板，老板每个月给你结算一次。在这个过程中，你每天的 8 小时只能被出售一次，也只能收益一次。

第二种：重复出售同一份时间。

比如你是作家，花一年时间写了一本书，这本书卖了 10 年，你赚了 10 年的版税。这就相当于你把自己写书的那一年的时间重复出售了 10 年。一次付出，重复出售，持续赚钱，人们常说这叫"睡后收入"[1]。

第三种：购买他人的时间再出售。

比如你创业做老板，招了 10 个员工，让他们为你工作。这就相当于你花钱购买了这 10 个人的时间，然后再利用这 10 个人的时间赚钱，在这个过程中，只要是低买高卖，你就可以赚到钱。

你目前的人生商业模式是第几种？大部分人可能都会说："第一种。"

什么样的人赚钱能力最强？答案一定是那些会重复出售同一份时间和购买他人的时间再出售的人。

---

[1]　指睡一觉醒来就有的收入，你不用去做些什么，收入就会持续增加，也就是我们常说的"被动收入"。

把个人能力封装成内容产品，实现"10倍财富增长"

依据人生商业模式的理论，"如何让自己的财富更快增长"这个问题可以转化成"如何更好地出售自己的时间"。

那么，如何更好地出售自己的时间呢？答案是学会写作，把个人能力封装成内容产品。这一招你学会了，它就可以同时为你的三种人生商业模式赋能。

第一，通过写作，你可以把自己的时间卖得更贵、更多

80%的人都在用第一种人生商业模式赚钱，即将同一份时间出售一次。

除了我们上面提到的上班族，自由职业者也大都如此。比如平面设计师、培训讲师、文案达人、摄影师等，都是在零售自己的时间，也就是接一单、做一单、结算一单。

如果你是个体户，比如你一个人开了家奶茶店或洗衣店，那么你是在一次性出售自己一天的营业时间，你的收益取决于你当天的客户流量，做微商也是如此。

同一份时间出售一次的个人商业模式有两个优化方向：

（1）提高单位时间售价；

（2）提高时间出售总量。

如何实现这两个方向的优化？答案依然是学会写作，把个人能力封装成内容产品。下面举两个案例。

第一个案例：通过写作提高自己的单位时间售价。

我认识的一个产品经理，2016年大学毕业后加入一家互联网创业公司，月薪不到1万元，按照正常的经验积累速度、职级晋升模式，他在两年内月薪很难超过 2 万元。但在 2018 年春节的时候，他给我发微信说，他将入职一家知名大厂，年薪 40 万元。

为什么他晋升这么快？原来，刚开始工作时，除了正常上班，他还坚持写作，把自己做产品的经验心得和积累的知识封装成内容产品，即一篇一篇干货文章，将这些文章持续发在公众号上。这不断提升了他在圈子里的影响力，也让他认识了很多知名互联网公司的优秀产品经理，所以他得到了很多同职级同事没有的机会，拿到了很多高薪 offer，最终成功跳槽到了现在这家公司。

写作让更多的人认识了他、了解了他的能力、知道了他的梦想，所以他根本不用写简历四处求职。试问，有哪家公司不愿意主动邀请这样的员工加入呢？所以，他不光选择多了，他的能力还产生了溢价，这就是典型的"通过写作提高单位时间售价"的案例。

第二个案例：通过写作提高时间出售总量。

我有个朋友叫小马宋，他最早是通过做文案走红的，现在开了一家营销咨询公司，也是"得到"App 的战略营销顾问。很明显，不管是做文案还是做咨询，其采取的都是第一种商业模式，即同一份时间出售一次。

小马宋是如何赚到更多钱的？他有自己的公众号，不管做什么工作，他一直坚持在公众号上写文章，这极大地提高了他的行业地位和影响力。2018 年 1 月 1 日，小马宋在 2017 年总结中说道："2017 年，我们公司的业务其实是个人顾问的模式，主要通过出卖我的个人时间获得收益。与甲方签服务协议的时候，往往很困难，因为个人顾问没有任何确定的 KPI，可以做任何事情，也可以什么事都不做。在这种情况下，甲方的信任就很重要，否则服务合同形同虚设。所以我们的签约客户往往是对我个人有所了解，往往对我过去做的事也有所了解，才会答应签这样的合同。这种基于双方信任的服务形式，如果没有互联网，获取客户的难度之高可以想象。我的第一个客户，也就是罗辑思维，也是通过互联网发生的连接。"

写作提高了小马宋的知名度，这一方面让他把自己的顾问服务卖得更贵了，另一方面也让他能很容易地签到更多的优质客户。也就是说，写作既提高了单位时间售价，又提高了时间出售总量。

第二，通过写作，你可以把自己的技能和时间同时重复出售

一个人想要实现财富自由，就要尽可能让自己有"睡后收入"。这就是第二种商业模式，同一份时间出售多次。

2015 年 8 月，我进入新媒体行业，一开始做打杂的小编，月薪 5 000 元。后来我成为公众号运营高手，月薪 2 万元。2016 年的时候，我就整天想，如何才能一个月赚 5 万元？如果我继续做公众号运营，就很难实现这个目标。如果不继续做，我该怎么办？

有一天我恍然大悟，心想：既然我的公众号运营能力这么值钱，我为何只自己用，而不把它出售给别人呢？这样一下子可以增加数倍收入啊！

如何出售这种技能呢？技能其实是无形的，所以你要把它包装成有形的产品，而写作就能把能力、技能封装成内容产品的方法。

从 2016 年 10 月开始，我花了近 7 个月的时间，把我所有的运营技能都封装成一节一节的课，一共写了 90 节，将它们做成音频课，卖了近 3 万份。

从这一次经历中我明白了，原来一个人的能力不仅可以自己用，还可以被封装成内容产品出售给其他人，而且可以一次封装，重复出售，即让你的能力和时间都实现重复出售。

注意，不管你是做哪一行的，只要你会写作，都可以实现能力和时间的重复出售。比如文案、运营、设计、摄影、炒菜、减肥、穿衣、唱歌、发音、弹奏吉他，等等，对于这些能力，你都可以通过写作把学习方法、练习方式、实践经验、知识储备封装成内容产品。

这种内容产品的形式不一定都是几十节的课程，可以是 10 节以内的小课，也可以是一次微信群分享、一次 2 小时的直播，也可以是一篇篇的干货文章，如果你的内容做得足够好，你甚至可以出书。总之，内容产品的形式不限，只要你封装成功，都可以通过很多形式分享和出售。

这也是当下市场最广阔的赚钱方式，而且成本极低，即没风险。

第三，通过写作，你可以购买他人的时间再出售

写作是干嘛？写作是制造内容。

内容是什么？内容是一种时间解决方案。

时间解决方案又分两种：一种是为用户省时间，另一种是帮用户打发时间。

如果你在很多方面有认知、有知识、有经验，那么你可以写干货型的内容、写课程、写书，这样，用户就可以更高效地通过你的内容获取知识和技能。

如果你是个很有趣的人、有故事的人，那么你可以写鸡汤美文、有趣的故事，这样，用户就可以通过你的内容打发闲暇时间。

你注意到没？不管你写什么，你都通过内容购买了用户的一部分时间和注意力，也就是说，你通过内容吸引了流量。流量是一切商业的基础设施，流量可以带来金钱，你可以用各种各样的手段把这些流量变现，这是非常高级的赚钱方式。

如果你会写作，你就可以通过自己的作品获取他人的时间，比如很多人都看过《乌合之众》这本书，对这本书也有很好的理解，但是如果他们不会写作，那这些理解就只有他们自己心里知道，这本书并没有给他们带来额外的价值。

我看了这本书，学到很多知识，也升级了我的认知。我不光自己成长了，我还把我的理解封装成内容产品，即一篇文章——《疫情灾难下：请保持理性，不要再加入乌合之众的狂欢》。这篇文章阅读量近 1 500 万，给我带来 17 万公众号读者，这就是写作的力量，它可以把你的能力、认知、思想封装成内容产品，通过社交媒体传播给成千上万的人看，实现利他、利己、双赢。

所以，不管你做什么工作、拥有什么技能，你都可以通过写作同时拥有、同时优化你的三种人生商业模式，在短时间内大幅度提高你的赚钱能力。

把个人能力封装成内容产品，实现快速成长

成长即财富，你赚的所有钱都是成长的变现。如果你能持续成长，那么你的赚钱能力必然会不断增强，所以除了上面的直接赚钱方式，我们还可以通过写作让自己快速成长。

第一，写作是倒逼成长的绝佳方法

我有一个成长社群，我一直鼓励大家在我的社群里持续写作，我自己每周一到周五都会写一篇 1 000 字左右的短文分享给社群成员。

为什么？因为写作是倒逼成长的绝佳方法。

每周周一到周五，我在日更干货时经常面临这样的状况：今天不知道分享什么。很多社群成员都有同样的体验。这个问题的本质是什么？

如果你今天没有学习，没有成长，没有对一件事进行深入的思考，你就不知道分享什么，不是吗？

如果你每天都有得分享，而且分享出来后大家还给你点赞、参与讨论，说明今天的你比昨天的你又有新的进步，不是吗？

因此，一天下来，你有没有得分享、分享得好不好，正是检验你今天有没有进步、有没有成长的一个重要标准。我如果今天偷懒了，没怎么学习、思考，就没得分享，但是我又想坚持每天分享，所以我不得不赶紧抽1小时进行学习，或者针对某一件事情深入地思考一番，这不就是通过分享倒逼自己进步吗？如果没有这样的要求，我可能当天就放过自己了。

用输出倒逼输入，写作绝对是你逼着自己每天成长、每天思考的重要手段。

第二，写作是学习效果的放大器

其实我一年读书的数量并不多，跟朋友圈里很多晒自己一年读100本书的人相比，我的读书数量更是少得可怜，我一年大概读30本左右的书，但这不妨碍我每年实现爆发式的个人成长。

为什么呢？因为我吸收能力强。

之前，我跟朋友同时读一本关于品牌营销的书，两人几乎在同一时间读完。有一天我们一起聊读后感，聊品牌打法、企业定位等。他非常惊讶地问："咱俩读的是一本书吗？为什么你读完收获如此之大，而我不仅没有你理解得深，还有很多东西读过就忘？"

我说："你读只是单纯地读。而我每读一部分都会写份500字以上的分享，发到社群里给大家看，和大家讨论，所以我的学习效率、吸收知识的效率可能是你的5倍甚至10倍。"

在写作过程中你会发现，很多原以为自己想明白了的东西其实并没有想明白，如果想不明白，就写不明白。当你觉得自己写明白了，分享出来却发现大家看不明白的时候，你就知道你还有提升的空间。所以，写作这种输出式学习方式会逼着你深度地思考、吸收、处理、输出知识，可以极大地提升你的学习效果。

第三，写作是个人能力的放大器

你有一项技能和别人知不知道你有这项技能完全是两码事。最理想的状态是：你有一项技能，同时很多人都知道你有这项技能。比如 A 和 B 同样拥有很厉害的技能，但知道 A 的有 1 万人，知道 B 的有 10 万人，两人虽然能力一样，但他们得到的机会、资源、收入，注定是不同的。

写作就是这样一个工具，它是你个人能力的放大器。在社交媒体时代，你拥有写作能力，就相当于你在网上给自己安了一个喇叭，你可以时不时地喊一嗓子，亮亮相，让更多人注意到你，认可你，欣赏你，最终连接到更多的资源。

我创业后招的前两名员工，都是社群里的成员。这两个人自从加入社群后，就坚持每天写一篇分享，时间长了，他们的能力被所有人看到、认可，这就是写作与分享的价值。

在这个时代，个人品牌很重要。如何打造个人品牌？简单来讲就是，技能定位＋持续曝光，二者缺一不可。要持续曝光，就要借助你的写作能力。

连接资源也有两种方式：一种是你主动去连接，另一种则是被动连接即别人来连接你，写作就是高效进行被动连接的绝佳手段。

另外，从能力的多维度竞争来看，越是不靠写作为生的人，越需要提升自己的写作能力。不信你组合一下看看：

一个厉害的程序员 + 会写作

一个销售达人 + 会写作

一个优秀设计师 + 会写作

一个产品运营 + 会写作

一个创业者 + 会写作

一个投资经理 + 会写作

……

每一种身份与写作能力相加，都能产生很有想象力的反应，这就是写作的魅力。

第四，写作是抗攻击性最强的技能

如果除了本职工作技能，你只能再选一项技能学习，那我建议你学习写作，因为它是抗攻击性最强的技能。

怎么理解写作技能的抗攻击性？

（1）写作技能是一项底层技能、一项普适技能，我一直倡导"写作+"，是因为它可以为所有技能赋能。

（2）写作技能是一项高保值技能，无论这个世界变成什么样，科技如何发展，各行各业如何变迁，写作这项技能都不会贬值，它只会越来越贵。

写作不靠天赋，人人都可以掌握这项技能

最后，讲两个关于写作的误区。

误区一：写作要靠天赋和灵感

很多人都认为写作很难，认为只有文采好、天赋高的人才能写好文章。现在新媒体公司的写手编辑这个岗位还有个名字，叫内容产品经理。因为写文章就是打造产品，打造产品有两个非常重要的特点：质量稳定、

持续提供。

灵感显然是瞬间迸发的偶然产物。灵感迸发既不稳定，又无法持续。我们所说的公开写作，并不等同于文学创作。如果你写散文、诗歌、小说、剧本，那么对你来说，意境、创意、灵感等都是非常重要的。但是对于我们在新媒体时代谈论的公开写作，最重要的是产品能力。

产品能力当然不靠灵感，靠的是系统能力和方法论。写作是对输入处理后的思考，你要搭建一个稳定的写作系统，包括稳定的认知系统、稳定的处理系统、稳定的输出系统、稳定的反馈系统，同时你还要掌握系统的写作方法论、选题方法论、标题方法论、素材方法论、框架方法论，等等。我是个方法论爱好者，我坚信，掌握这个世界上绝大多数的技能都需要一套方法论，有了方法论，我们就会掌握得更快。我一直坚信，有些事是注定要发生的，如果你持续按照正确的方法去训练，你一定可以稳步提升任何技能。写作当然不例外。

2015 年，我入职创业邦。当时公司的新媒体小组中没人能写出 10W+ 的文章，我持续研究近三个月方法论后写出了第一篇 10W+ 文章。之后在我的带领下，我们整个新媒体小组的 6 个人，人人都可以写 10W+ 文章，这是绝对真实的经历。2017 年 11 月，我接手做插座学院公众号，当时公众号文章阅读量只有两三万，我继续用我的方法论开始在这个号上写作，写出了多篇 10W+ 文章，被全网几百个大号转发。后来我开了 12 天线下课，很多学员学完之后直接入职插座学院，写出了很多 10W+ 文章。

误区二：多写多练自然能写好

中国人特别认同"勤能补拙"这条价值观。小时候，我们也被老师教导说，只要多写多练，自然就能写好。但这是个误区，就如同现在流行的一万小时定律。

一万小时定律指出，在任何领域，一个人经过一万小时的锤炼，就能从平凡人变成大师。按每天工作 8 小时、一周工作 5 天计算，你只要持续努力 5 年，就能成为这个领域的大师。

但很明显，开车超过 5 年的出租车司机没有成为赛车手，很多工作超过 5 年的记者、编辑并没有成为写作高手。所以，一万小时定律有着巨大的缺陷，长时间写作、练习，并不一定能让你越写越好，反而有可能把你写"废"，让你的写作热情消耗殆尽。

既然勤都能补拙，那你为什么不直接用聪明补拙？什么是聪明？我经常思考这个概念。在我看来，聪明就是相信方法论，坚信任何事都可以通过更好的方法论去优化。

除了极少数天赋型选手，我见过的所有写作高手都是方法论爱好者，他们写的每一篇稿子都是刻意练习的结果。在这个世界上，得到大多数美好的东西的过程都是不自然的，都是刻意为之的，所以别指望多写多练就能写好。

混沌大学的李善友教授说过，专业选手和业余选手之间的本质区别，并不在于掌握技能的熟练程度，而在于是否掌握了方法论。

写作能力 = 正确的写作方法论 × 每一篇的刻意练习 × 练习次数

如果你不去学习正确的方法论，只是一味地多写多练，三五年后你可能依然写不好。而掌握了方法论后，你在提升写作能力方面必然是事半功倍的。一个人用正确的方法论持续训练一年，基本上能超过 80% 的人。如果你的目的并不是靠写作为生、找与写作相关的工作，而只是为了提高自己的沟通、表达、展示、思考能力，你甚至不用持续训练一年那么久。

如果你想学写作，可以去听《粥左罗教你从零开始学写作（50 讲）》或者参加"粥左罗 21 天写作训练营"。不说别的，就说一点：我的写作课是经过了三年市场验证的，不论你是职业写作者、新媒体人还是外行，不管你做什么工作，这套方法论都可以让你受益。

具有审美能力的人往往并不需要知道原理，但创造美的人一定要有方法论，这样才能持续稳定地创造。写作就是如此，希望大家都能用正确的方法高效地提升自己的写作技能，从此一生受益于写作。

写作技能具有极强的时间累积性。对于这样的软性技能，你越早开始积累越好。一旦技能形成，别人就无法在短时间内超过你。时间就是壁垒，你要尽快开始写作，享受时间的复利。

思考

升级思维的目的是改变行动。你可以思考一下，写作对你来说有哪些具体的价值？你准备如何提升写作能力？

第五节　实战思维：人生所有的美好结果，都不会自然发生

这是本书的最后一节。如果你从第一节开始认真学习到现在，一定有很多收获。恭喜你，你完成了一场关于成长的认知升级。

但是，不要高兴得太早，如果学习之后没有付诸行动，一切都是纸上谈兵。所以本节主要讲实战思维。

刻意学习大量理论，可能让你一年的成长顶十年

有读者看到这里可能有些沮丧，心想：还是要靠实践来学习啊，那学习理论有什么用？如果你这样认为，说明你确实需要进行认知升级。我是在疫情期间在家里完成这本书的，其间刚好听过一个相关案例。

有个做人力资源管理的朋友发状态说，原来"我不懂，我从来没做过"可以说得这么理直气壮。

有个小姑娘之前在外贸行业工作，受疫情影响，打算转行做互联网相关的工作。她投简历要应聘市场推广岗位。她的简历写得不错，各方面条件看起来蛮优秀。但我那个朋友在打电话沟通问到市场推广的相关问题时，小姑娘啥都回答不上来，她只对外贸行业熟悉，在被问到其他领域的问题时，她都会说："我不懂，我从来没做过。"

这个小姑娘一定是成长得很慢的人，因为她的知识积累和认知升级基本上只依靠工作实践。

其实很多人都是这样的，除了工作，他们很少有其他的刻意学习经历，所以只能从工作实践中得到知识和认知，这就导致他们成长得特别慢。他们能做的事很有限，而通过做差不多的事积累的经验又很相似，这就导致他们的经验特别有限，成长自然就很慢。

如何更快地成长呢？如何以 10 倍速度成长呢？方法是不只依赖实践经验，要刻意学习理论。这种方法的依据是，你不一定非得亲身经历才能学到东西。

"90 后"李叫兽曾在混沌研习社讲过一门课，叫《破解消费者需求密码》，播放量达 120 万人次，非常受欢迎，这门课让很多在 4A 广告公司工作十多年的老员工深受启发。一个"90 后"年轻人，没有那么多经历和经验，怎么能讲得让很多在专业领域工作十多年的老员工都觉得有启发呢？

作家成甲专门问过李叫兽这个问题，他的回答很简单，他说："其实没什么，只不过我相信和重视理论的力量。过去几年，我把营销中与需求部分有关的重要教材中的重要理论反复研究、思考，从而形成一套自己的洞察。"

这个答案听着简单，但做起来很难，因为很多在专业领域从业十多年的人，其成长可能更多得益于自己所做项目的经验，极少数人会像李叫兽这样刻意学习理论，反复研究理论。

李叫兽的经历向我们说明，科学理论并不比实践经验差，而且有可能比实践经验更靠谱，因为科学理论是目前为止人类发现的相对最可靠、有共识的知识，而由实践经验形成的知识往往充满了随机性，没有像科学理论那样经过了大量的验证。

所以，理论学习是重要的，读书、听课学习是必要的。想要成长得更快，就不能只靠实践积累经验，还要刻意学习大量理论。

升级认知的目的是改变行动，认知永远无法替代行动

学习理论的目的是升级认知，升级认知的目的是改变行动。所以，升级认知非常重要，但无法替代行动。

我给很多人上过课，很多学员每天会看大量的干货文章，会听很多线上课、线下课，每次听完心里无比激动：讲得太好了！说得太对了！我都明白了！

为什么许多人回到现实后并没有什么进步？为什么许多人吭哧吭哧学了一年，能力也没什么提升？因为很多人长期沉浸在学习的喜悦中不能自拔，忘了持久而踏实地行动。

这两年，"刷新认知"这个词特别流行，因为"刷新认知"很容易让人产生快感，让人觉得自己每天都在变聪明，这种看法不一定客观。我一直提醒自己：少用自己学到了什么来安慰自己，多用真实的结果来验证自己。

比如对于学写作，听写作课非常重要，不听的话你可能就没有科学的

训练方法，但听完之后的行动同样重要。给文章起标题有 5 个技巧、写故事有 3 种结构，学会这些内容很容易，只要你智商正常。关键是，你能不能拿那 5 个标题技巧拆解 100 个标题；你能不能在取每一个标题的时候，反反复复地想怎么用上这 5 个技巧；你能不能拿那 3 种故事结构去不断拆解故事、仿写故事。

如果你能长期做到"刷新认知 + 持续行动 + 持续反思"，你一定会成为你所在的领域的高手。根据这一点，在 2019 年做写作训练营时，每一期我们都带着学员做每日练习，由此获得了非常好的口碑。

学习任何知识都是这样：不实践无法出真知。

听了那么多写作课，你有没有写过 10 万字？

学了那么多公众号运营方法，你有没有自己注册一个？

看了那么多吉他教学视频，你有没有练过 100 小时？

在知乎上学了那么多公路车知识，你有没有一次骑过 100 公里？

"穿透过你身体"的知识，才是可以为你所用、真正对你有价值的知识。什么叫"知识穿透身体"？那就是，你汲取知识于万物，处理知识于大脑，再应用知识于万物，知识从你身上走了一遍。

任何行业的顶尖高手都是这么学习的，比如《哪吒》的导演饺子在读大三的时候放弃医学，入行计算机动画（CG），自学三维动画软件（MAYA），学习 MAYA 6 个月，差不多把 MAYA 的几大模块囫囵吞枣地学了一遍之后，他趁着大四寒假做了一个短片，借此把零零星星的知识应用于实践，做个归整。

人生所有美好的结果，都不会自然发生

我在前言中提到我有个做滑板文化品牌的朋友。他的工作室之所以经营好几年了却没有多大起色，是因为他没有去刻意改进经营能力，以为只要一直做下去，就能在未来让品牌突然变得优秀起来。

借由他的经历，我想再次强调这句话：人生所有美好的结果，都不是自然而然发生的，而是靠你刻意做出来的。升级认知并不难，实践认知很难，这就是为什么评论家会显得比行动家更聪明。

作为一个公司的老板，我常常会和身边人聊天。即便是一个刚入行的编辑，也能跟我大谈特谈。有的编辑会说，条漫现在很受欢迎，短视频是未来，5G红利要来了，等等，要赶紧布局。

其实我心里明白，大家心里也明白，同行也都明白，但为什么真正开始布局的人很少呢？因为现实是，招个靠谱的内容编辑可能得花两个月，培养得再花两个月。

为什么实践总是这么难？因为实践面对的是现实世界，现实永远是最复杂的。

假设优秀的新媒体编辑占整个行业从业者的20%，看起来招到一个并不难，是吗？不是。

写作方向太多，包括娱乐、财经、电影、金融、政治、育儿等方向。往细处划分，写作方向是"个人成长领域"的优秀编辑一下子又变少了，可能只有那20%里的10%，这样一算是2%。其中写作风格为干货型、调性跟我们一致的，可能又只是其中的10%，这样一算是2‰，少得可怜吧？这还没完，这些人并不是都在北京啊，而是分布在全国各大城市，在北京的可能又只是其中的10%，这样一算是2‱。

对于很多事情，大家都能说得头头是道，但真的去做就变得太难了。

我创业一开始是做自媒体，现在是在做公司。在这个过程中，不断有人指导我，有人说"你还是得自己多写原创文章"；有人说"你得多招人、建团队"；有人说"你要多发展业务"；有人说"你要提前布局"……这几个方面的工作我必然都做。但一旦将精力分成好几块，你就会发现，无论哪一块，都有人觉得你做得不够好，谁都能给你指出问题，站在他们的位置上看，就好像你是个傻子。

行动家做的事越多，评论家越容易发现行动家的不足。做事越多，暴露的问题越多，这就是行动家的命。我要是只在公众号上写文章，大家可能都会说我写得好，不会评价别的方面，因为我没做别的。

看别人做事情，指指点点、提提建议太容易了，因为认知到位并不难，做到位是最难的。但是，人生所有的美好结果都需要你行动，需要你做到位。

所以，希望大家能行动起来。这本书我已经尽可能写得易于实践，筛选思维、赛点思维、战略思维、借势思维、原动力思维、成本思维、利他思维、多维思维、专注思维、变量思维、真实思维、结果思维、激励思维、复利思维、环境思维、迭代思维、动态思维、长期思维、周期思维、投资思维、市场思维、品牌思维、作品思维、写作思维、实战思维，基本上在写每一节的内容时，我都会反复结合现实。我做课程好几年，发现很多老师的课程内容很"高大上"，但是不接地气，因为他们不知道怎么将知识应用于现实中，而且很多知识并不符合实际情况。我是普通人出身，从草根走到现在，所以我做课讲究实战，我讲的每一节课的内容基本上都可以落到实处。希望大家可以去逐一实践，升级完认知后，用行动让自己的人生真正变美好。

波兹曼在《娱乐至死》一书中指出："不管是在口头文化还是在印刷术文化中，信息的重要性都在于它可能促成某种行动。""人们了解的信息具有影响行动的价值。"

我写作本书的意义也如此。它的价值将最终体现在，升级了你的认知，改变了你的行为，推动了你的行动。祝你每日精进，祝你成长为自己想要的样子。

扫描二维码关注微信公众号 @ 粥左罗

回复"写作"，获取内部专用投稿赚钱资源